异质结双极晶体管——
从器件工作原理到电路模型

III－V Heterojunction Bipolar Transistors—
From Device Principle to Circuit Model

张　傲　高建军　著

中国教育出版传媒集团

高等教育出版社·北京

内容提要

　　本书从双极晶体管工作机理出发，采用对比分析的方法介绍异质结双极晶体管的优越性和形成机理。主要内容涵盖了Ⅲ-Ⅴ族化合物异质结双极晶体管的工作原理和电路模型构建，全书共分为7章，首先介绍基于去嵌方法展开异质结双极晶体管小信号寄生元件和本征元件提取方法，随后介绍微波射频异质结双极晶体管大信号非线性等效电路模型和噪声等效电路模型，以及相应模型的参数提取技术。

　　本书可以作为微波专业、电路与系统专业以及微电子专业的教学参考书，也可以供从事微电子器件和集成电路设计的科研人员参考使用。

图书在版编目（ＣＩＰ）数据

　　Ⅲ-Ⅴ族异质结双极晶体管：从器件工作原理到电路模型／张傲，高建军著．-- 北京：高等教育出版社，2023.11

　　（新一代信息科学与技术丛书）

　　ISBN 978-7-04-060296-8

　　Ⅰ．①Ⅲ… Ⅱ．①张… ②高… Ⅲ．①异质结晶体管-双极晶体管-晶体管电路-等效电路模型-研究 Ⅳ．①TN710.2

　　中国国家版本馆 CIP 数据核字（2023）第 055358 号

Ⅲ-V Zu Yizhijie Shuangji Jingtiguan——cong Qijian Gongzuo Yuanli dao Dianlu Moxing

策划编辑　刘 英　　　责任编辑　刘 英　　　封面设计　张 楠　马天驰　　版式设计　杨 树
责任绘图　黄云燕　　　责任校对　刘丽娴　　　责任印制　朱 琦

出版发行	高等教育出版社		网　　址	http://www.hep.edu.cn
社　　址	北京市西城区德外大街 4 号			http://www.hep.com.cn
邮政编码	100120		网上订购	http://www.hepmall.com.cn
印　　刷	大厂益利印刷有限公司			http://www.hepmall.com
开　　本	787mm×1092mm　1/16			http://www.hepmall.cn
印　　张	14.25			
字　　数	240 千字		版　　次	2023 年 11 月第 1 版
购书热线	010-58581118		印　　次	2023 年 11 月第 1 次印刷
咨询电话	400-810-0598		定　　价	89.00 元

序 言

    半导体器件模型是影响电路设计精度的最主要因素,电路规模越大、指标和频段越高,对器件模型要求也越高。准确的器件模型对提高射频和微波毫米波电路设计的成功率、缩短电路研制周期至关重要。为了将半导体器件的建模进展介绍给初入半导体器件设计以及测试表征研究领域的科研人员,以便他们能以较快的速度站在新型半导体器件设计研究的前沿,同时也为了给本领域的研究者提供一份比较完整的参考文献,本书应运而生。

    本书是在《异质结双极晶体管——射频微波建模和参数提取方法》一书的基础上,根据最新的科学研究进展成果写成。本书增加了太赫兹频段半导体器件模型研究工作,其中主要包含了太赫兹频段异质结晶体管小信号等效电路模型建模以及参数提取方法、大信号非线性等效电路模型及其色散效应研究以及最新的噪声模型及其参数提取方法。

    本书作者课题组从事半导体器件测试表征近30年,本书是作者在微波和微电子器件领域多年工作、学习、研究和教学过程中获得的知识和经验的总结,包括了近年在太赫兹频段器件建模的经验,与当下的科技发展前沿相吻合。

    本书可以作为高年级本科生和研究生的教学参考书,也可以供从事集成电路设计的工程师参考。尽管集成电路的计算机辅助设计日新月异,作者仍竭力提供了所涵盖领域的最新资料。

    尽管作者花费了大量的时间和精力从事书稿的写作,但仍难免存在不足,敬请读者对发现的问题给予批评指正。

目 录

第 1 章　绪论

随着集成电路的发展,半导体晶体管的速度越来越快,利用半导体晶体管制作的电路的工作频率也越来越高,已经超过 100GHz,也就是说达到了太赫兹频段。而集成电路芯片的开发需要完成半导体器件和电路的计算机辅助设计和优化,器件和电路计算机辅助设计的基础是建立精确的能够反映器件物理特性的等效电路模型。因此准确的器件模型对于提高射频和微波毫米波单片集成电路设计的成功率以及缩短电路研制周期是非常重要的。

1.1　微波射频异质结晶体管的分类

异质结双极晶体管(Heterojunction Bipolar Transistor,HBT)器件从半导体衬底材料上可以划分为两大类,分别是锗硅基 HBT 器件(SiGe HBT)和Ⅲ-Ⅴ族化合物基 HBT 器件,其中Ⅲ-Ⅴ族化合物基 HBT 器件主要以铟磷基 HBT 器件(InP HBT)和镓砷基 HBT 器件(GaAs HBT)为代表。上述三种不同衬底材料的 HBT 器件横截面示意图如图 1.1 所示。

1. SiGe HBT

通常将锗元素掺入硅基双极晶体管基极中而形成异质结,其结构与双极结型晶体管(Bipolar Junction Transistor,BJT)非常接近,工艺条件要求简单,制作成本低,有良好的抗压性和热传导性[1]。

2. GaAs HBT

目前广泛应用的是 AlGaAs/GaAs HBT 器件和 InGaP/GaAs HBT 器件。图 1.1(a)给出的是典型 Npn AlGaAs/GaAs HBT 器件结构。该晶体管发射区材料为 AlGaAs,而基区和集电区均为 GaAs,即基极-发射极 PN 结为异质结,而基极-集电极为同质结。GaAs 材料容易生长,晶格匹配好,相较于其他Ⅲ-Ⅴ族化合物制作成本低,但存在热电导率较低以及开启电压较高等问题。

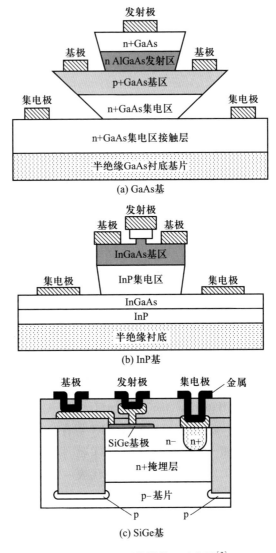

图 1.1 HBT 器件横截面示意图[2]

3. InP HBT

相比于其他两种衬底的 HBT 器件, InP HBT 器件从结构上又可以划分为两种类型: 单异质结双极晶体管和双异质结双极晶体管。单异质结(SH)双极晶体管是指基区和发射区的材料不同而和集电区的材料相同, 也就是说基区-发射区构成的 PN 结为异质结, 而基区-集电区构成的 PN 结为同质结; 双异质结(DH)双极晶体管是指基区和发射区以及集电区的材料均不相同, 即基区-集电

区构成的 PN 结和基区-发射区构成的 PN 结均为异质结。目前主要以 InGaAs/
InP SHBT 和 InP/InGaAs/InP DHBT 为代表,应用较为广泛。目前 InP HBT 器件
因工作频率可以达到太赫兹频段且有着优良的散热性能和较低的基区-发射区
开关电压而受到关注[2],但 InP 由于材料生长相对困难、成品率较低等原因,制
作成本偏高。

    表 1.1 和表 1.2 分别给出了半导体器件的衬底基片主要物理特性的比较以
及不同衬底基片 HBT 器件的特性比较。可以看出相较于硅基衬底,Ⅲ-Ⅴ族化
合物材料 InP 与 GaAs 的禁带宽度更大,电子迁移率更高。Ⅲ-Ⅴ族化合物材料
基制成的 HBT 器件相对于硅基衬底的优势除了拥有更好的高频特性外,还体现
在击穿电压更高和电流驱动能力更强,使得器件拥有更好的功率处理能力。

表 1.1　半导体器件的衬底基片特性比较[3]

主要物理特性	Si	GaAs	InP
相对介电常数	11.7	12.9	14.0
电子迁移率/($cm^2 \cdot V^{-1} \cdot s^{-1}$)	1450	8500	4600
饱和电子速率/($cm \cdot s^{-1}$)	9×10^6	6×10^7	9×10^7
热电导率/($W \cdot cm^{-1} \cdot K^{-1}$)	1.30	0.30	0.68
禁带宽度/eV	1.12	1.42	1.35
击穿电场/($V \cdot cm^{-1}$)	3×10^5	4×10^5	5×10^5

表 1.2　不同衬底基片 HBT 器件的特性比较[4]

参数	SiGe HBT	GaAs HBT	InP HBT
器件速度	较快	较快	极快
跨导	高	高	高
$1/f$ 噪声	好	好	好
功率附加效率	中等	高	高
线性度	中等	高	高
击穿电压	中等	高	高
应用领域	低噪声放大器、功率放大器	低噪声放大器、功率放大器、振荡器	低噪声放大器、功率放大器、振荡器、压控振荡器

1.2 异质结晶体管的特性指标

1948 年,Shockley 在一项专利申请中首次提出异质结双极晶体管的概念,指出可利用宽带隙的半导体材料作为 BJT 器件的发射极[5]。直到 1957 年,Kroemer 阐述了这种晶体管的工作机制[6],该突破使得在器件设计环节中可以自由调整发射极和基极的掺杂比例,获得高发射结注入效率。尽管异质结的优点已经得到公认,但在当时由于器件制作技术上存在的困难和半导体材料等因素的影响,无法制造出高质量的异质结应用于器件制作中。

随着液相外延(LPE)技术的发展,1972 年 IBM 公司研究团队利用 LPE 技术研发了 AlGaAs/GaAs HBT 器件[7]。在这个阶段,由于 LPE 技术能够实现制备各种异质结构,对于 HBT 器件的研究也开始起步。但由于 LPE 技术的限制,此时 HBT 器件的性能并未达到最佳。

异质结晶体管直到 20 世纪 70 年代中期依靠分子束外延与金属有机化合物气相淀积两种外延技术从而进入实用阶段[8]。将 HBT 器件性能扩展到更高的工作频率,还可以克服 Si 双极晶体管的各种缺点。在 HBT 器件中,可以将基极掺杂到很高的水平,并且可以分别掺杂基极和发射极。20 世纪 80 年代研究人员开始尝试制备 SiGe HBT 器件。具有代表性的研究工作有:1987 年,IBM 公司制备的 Si/SiGe/Si HBT 器件 β 为 12[9];1988 年,Gibbons 制备的 Si/SiGe/Si HBT 器件 β 为 400[10];1989 年,IBM 公司制备的 SiGe HBT 器件 β 为 90[11],在低温外延条件下制备的 SiGe HBT 器件 β 为 1000。

图 1.2 给出了面积为 $0.13 \times 2 \ \mu m^2$ 的 InP HBT 器件特征频率和最大振荡频率随偏置变化曲线[12]。可以看出,在最佳偏置情况下,特征频率 f_t 可以超过 500 GHz,最大振荡频率 f_{max} 超过 1000 GHz。

1992—1994 年,IBM 公司研发了 BiCMOS 工艺。2002 年,Washio 研制了 f_t 为 180 GHz 的 SiGe HBT 器件[8]。2006 年,Georgia Tech 研发的 SiGe HBT 器件,室温条件下 f_t 为 350 GHz,超低温条件下 f_t 为 500 GHz[9]。图 1.3 给出了近年来 SiGe HBT 器件 f_t 和 f_{max} 发展趋势示意图。可以看出随着工艺的不断进步,SiGe HBT 器件的 f_t 和 f_{max} 不断提高。

图 1.4 给出了近几年 6 个研究机构 InP HBT 器件 f_t 和 f_{max} 的发展情况,其中日本电报电话公司(NTT)研制的 InP DHBT 器件 f_t 达到 813 GHz,f_{max} 达到 286 GHz[10];美国加州大学圣巴巴拉分校(UCSB)研制的 InP DHBT 器件 f_t 达到

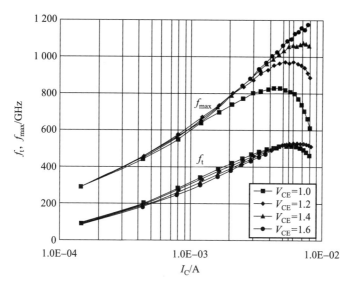

图 1.2 面积为 0.13×2 μm² 的 InP HBT 器件特征频率和
最大振荡频率随偏置变化曲线[12]

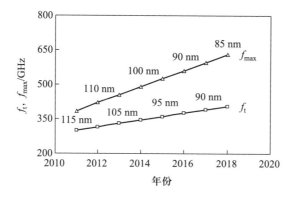

图 1.3 SiGe HBT 器件 f_t 和 f_{max} 发展趋势示意图

480 GHz，f_{max} 达到 901 GHz[11]；美国诺斯罗普·格鲁曼航空系统（NGAS）报道的
InP DHBT 器件 f_t 达到 410 GHz，f_{max} 达到 850 GHz[13]；美国伊利诺伊大学（UIUC）
研制的 InGaAs/InP DHBT 器件实现了 f_t 为 480 GHz，f_{max} 为 620 GHz[14]；瑞士苏
黎世联邦理工学院（ETHZ）研制的 InP/GaInAsSb DHBT 器件 f_t 达到
547 GHz[15]，f_{max} 达到 784 GHz[16]；美国特利丹电子公司（TSC）研制的 InP DHBT
器件 f_t 和 f_{max} 分别达到 521 GHz 和 1150 GHz[12]。

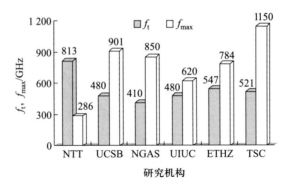

图 1.4　InP HBT 器件 f_t 和 f_{max} 发展情况

为了更好地说明 InP HBT 器件的特性,表 1.3 列出了多个研究机构所研发的 InP HBT 器件的特性参数。

表 1.3　InP HBT 器件的特性参数[7-15]

器件	f_t/GHz	f_{max}/GHz	J_c/(kA·cm^{-2})	β	$W_g \times L_g$/μm^2	BV_{ceo}/V
HRL InP SHBT	180	220	250	30	0.5×4.0	2.0
SFU InP DHBT	300	300	410	45	0.4×11.0	6.0
NTT InP DHBT	341	238	833	34	0.8×3.0	2.0
UIUC InP SHBT-1	363	310	667	40	0.4×8.0	3.7
UIUC InP SHBT-2	370	280	683	40	0.4×8.0	3.8
UIUC InP SHBT-3	377	230	650	40	0.4×16.0	4.1
FBH InP SHBT	379	535	420	44	0.4×6.0	5.0
SFU InP DHBT	384	262	460	45	0.7×11.0	6.0
ETHZ InP DHBT	424	636	880	23	0.3×4.4	4.8
UCSB InP DHBT	476	667	1000	15	0.2×2.9	4.1
NTT InP DHBT	501	703	1300	33	0.3×4.4	5.4
ETHZ InP DHBT	547	784	910	16	0.3×3.5	5.1
NTT InP DHBT	813	286	1000	95	0.2×7.8	2.6

图 1.5 给出了 HBT 器件击穿电压随特征频率的变化曲线,可以发现在同一特征频率下,InP HBT(InP DHBT 和 InP SHBT)比 SiGe HBT 和 GaAs HBT 更具有优越性。

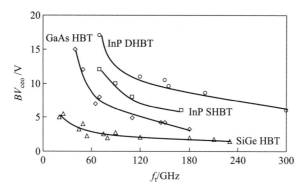

图 1.5　HBT 器件击穿电压随特征频率变化曲线[4]

利用 HBT 的超高特征频率和最大振荡频率可以制作用于太赫兹频段的功率放大器。图 1.6 给出了芯片面积为 $0.25 \times 1.2~\mu m^2$ 的 InP HBT 功率放大器 S 参数测试结果(工作频率 670 GHz)[16],该放大器为共基极的 9 级级联结构,采用 130 nm HBT 工艺,由 Virginia Diodes 公司(VDI)完成。放大器 S 参数的测量在晶片上进行,利用 VDI 500 GHz~750 GHz 网络分析仪扩展器和 WR-1.5 晶圆探针。工作频率在 670 GHz 时,放大器的增益为 22 dB,在 600 GHz~680 GHz 范围内的增益约为 20 dB。表 1.4 对工作频率为 220 GHz 的 250 nm InP HBT 功率放大器主要技术参数进行了总结[17]。

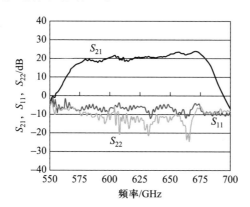

图 1.6　芯片面积为 $0.25 \times 1.2~\mu m^2$ InP HBT 功率放大器

S 参数测试结果(工作频率 670 GHz)

表 1.4　220 GHz InP HBT 功率放大器主要技术参数[17]

MMIC 模块	频率 /GHz	输出功率 /mW	增益 /dB	附加功率 效率/%
3 级	191～244	50～80	20.0～22.0	2.8～4.5
3 级	191～244	75～139	14.5～20.0	—
3 级	200～235	125～221	13.2～15.6	2～4
2 级	210～225	65～90	7.7～8.2	—
2 级	208～220	145～180	11.0	—
1 级	220～235	40～50	1.9～2.5	5.5～6.7
1 级	205～235	50～90	3.0～4.5	5.0～10.0
2 级	205～235	62～112	4.0～6.0	2.2～5.1

1.3　半导体器件射频微波建模和测试

　　对于复杂的半导体器件结构,预测器件的静态特性和动态特性非常关键,通过半导体器件模拟软件分析器件物理结构,求解相应的泊松方程和电流连续性方程来获得器件的输入特性和输出特性之间的关系,可以指导器件设计和生产。而通过建立器件的等效电路模型来预测基于半导体器件的集成电路特性则为电路设计人员提供了非常便捷的途径。构建半导体器件等效电路模型的技术称为半导体器件建模技术,即利用基本的电路元件(电阻、电容、电感和受控源)表征一个具有复杂功能的半导体器件,电路网络特性要求和半导体器件高度一致。半导体器件建模原理如图 1.7 所示。

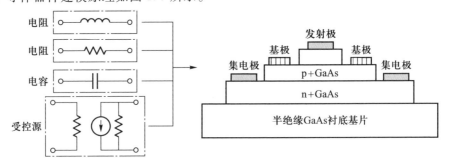

图 1.7　半导体器件建模原理

图 1.8 给出了半导体器件建模和测试之间的关系。可以看到,要完成一个好的集成电路设计,首先需要通过半导体器件测试来获得器件的静态和动态特性;然后基于测试结果构建相应的等效电路模型,从中发现问题,进而改进器件的制作工艺,改善器件的性能指标。等效电路模型可以嵌入电路仿真软件进行相应的电路设计。值得注意的是,器件特性测试是构建等效电路模型的基础,同时又是检验模型精度的唯一手段,因此半导体器件建模和测试相互依存并且相互促进。

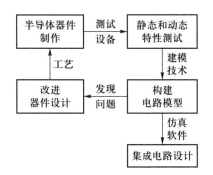

图 1.8 半导体器件建模和测试之间的关系

1.4 本书的目标和结构

本书的目标为培养读者对微波射频异质结晶体管建模和测量进行深入研究和分析的能力。本书着重介绍微波射频异质结晶体管建模和测量技术,并深入了解微波射频异质结晶体管的物理特性和器件的相关知识。

本书共分为 7 章,重点介绍以微波信号和噪声网络矩阵技术为基础的微波射频二极管、双极晶体管和异质结晶体管小信号等效电路模型、大信号非线性等效电路模型和噪声模型,以及相应的模型参数提取技术,最后介绍目前常用的微波射频测试技术。第 1 章为绪论,其余各章内容简要介绍如下。

第 2 章主要介绍应用于半导体器件建模和参数提取的网络信号和噪声矩阵技术,以及模型参数提取过程中常用的去嵌方法。

第 3 章首先介绍 PN 结二极管和双极晶体管的工作原理,进而介绍异质结双极晶体管中的异质结,接着介绍异质结晶体管的工作原理和Ⅲ-Ⅴ族化合物半导体带隙和晶格常数关系,以及常用的化合物半导体 HBT 器件的工作原理以及在微波射频电路中的应用。

第 4 章和第 5 章主要以 InP HBT 器件为例介绍微波射频半导体异质结晶体管的工作原理,小信号等效电路模型和模型参数的物理意义,以及小信号等效电路模型参数提取方法,包括寄生 PAD 电容提取方法、寄生电感提取方法、寄生电阻提取方法和本征元件提取方法。

微波射频场效应晶体管器件的小信号等效电路模型对于理解器件物理结构和预测小信号 S 参数十分有用,但是却不能反映相应的射频大信号功率谐波特性。电路仿真软件通常需要包括线性部分和非线性部分,以及用于求解线性特性和非线性特性的分析优化工具。在研究小信号等效电路模型的基础上,第 6 章主要介绍常用的微波射频异质结晶体管的非线性模型以及相应的模型参数提取方法。

对于半导体集成电路设计者来说,不但需要器件的小信号等效电路模型和大信号等效电路模型,而且半导体器件模型的噪声模型也是必需的,它是设计低噪声电路(如低噪声放大器等)的基础。为了准确预测和描述半导体器件的噪声性能,建立精确反映器件噪声特性的等效电路模型十分必要。第 7 章主要针对噪声等效电路模型和相应的模型参数提取方法展开讨论,推导了基于噪声模型的噪声参数表达式,给出了噪声模型参数提取方法以及共基极、共集电极和共发射极结构的信号和噪声特性之间的关系,最后介绍了半导体器件噪声测试技术。

参考文献

[1] Shockley W. The theory of p-n junctions in semiconductors and p-n junction transistors[J]. Bell System Technical Journal,1949,28(3):435-489.

[2] Kroemer H. Theory of a wide-gap emitter for transistors[J]. Proceedings of the IRE,1957,45(11):1535-1537.

[3] Dumke W P,Woodall J M,Rideout V L. GaAs-GaAlAs heterojunction transistor for high frequency operation[J]. Solid State Electronics,1972,15(12):1339-1343.

[4] Kroemer H. Hetero-structure bipolar transistor and integrated circuit[J]. IEEE Proceedings,1982,70(1):13-25.

[5] Patton G L,Iyer S S,Delage S L,et al. Silicon-germanium base heterojunction bipolar transistors by molecular beam epitaxy[J]. IEEE Electron Device Letters,1988,9(4):165-167.

[6] Gibbons J F,King C A,Hoyt J L. Si/Si/sub 1-x/Ge/sub x/ heterojunction bipolar transistors fabricated by limited reaction processing[J]. International Electron Devices Letters,1988,10(2):566-569.

[7]   Patton G L, Comfort J H, Meyerson B S. 75GHz SiGe base HBTs[J]. IEEE Transaction Electron Device Letters, 1990, 11(4): 171−173.

[8]   Washio K, Ohue E, Shimamoto H. A 0.2-μm 180-GHz-f/sub max/ 6.7-ps-ECL SOI/HRS self-aligned SEG SiGe HBT/CMOS technology for microwave and high-speed digital applications[J]. IEEE Transactions on Electron Devices, 2002, 49(2): 271−278.

[9]   Orner B A, Dahlstrom M, Pothiawala A, et al. A BiCMOS technology featuring a 300/330 GHz (f_t/f_{max}) SiGe HBT for millimeter wave application[C]. Bipolar/BiCMOS Circuits and Technology Meeting, Maastricht, 2006: 1−4.

[10]   Shiratori Y, Hoshi T and Matsuzaki H. InGaP/GaAsSb/InGaAsSb/InP double heterojunction bipolar transistors with record f_t of 813 GHz[J]. IEEE Electron Device Letters, 2020, 41(5): 697−700.

[11]   Rode J C, Chiang H W, Prateek C, et al. An InGaAs/InP DHBT with simultaneous f_t/f_{max} 404 /901 GHz and 4.3 V breakdown voltage[J]. IEEE Journal Electron Devices Society, 2015, 3(1): 54−75.

[12]   Urteaga M, Pierson R, Rowell P, et al. 130nm InP DHBTs with $f_t >$ 0.52THz and $f_{max} >$ 1.1 THz[C]. 69th Device Research Conference, Santa Barbara, CA, 2011: 281−282.

[13]   Radisic V, Scott W D, Monier C, et al. InP HBT transferred substrate amplifiers operating to 600 GHz[C]. IEEE MTT-S International Microwave Symposium, Phoenix, AZ, 2015: 1−3.

[14]   Xu H, Wu B, Winoto A, et al. Advanced process and modeling on 600+GHz emitter ledge type-II GaAsSb/InP DHBT[C]. IEEE Compound Semiconductor Integrated Circuit Symposium, La Jolla, CA, 2014: 1−5.

[15]   Quan W, Arabhavi M A, Fluckiger R, et al. Quaternary graded-base InP/GaInAsSb DHBTs with f_t/f_{max} = 547/784 GHz[J]. IEEE Electron Device Letters, 2018, 39(8): 1141−1144.

[16]   Hacker J, Urteaga M, Seo M, et al. InP HBT amplifier MMICs operating to 0.67 THz[C]. 2013 IEEE MTT-S International Microwave Symposium Digest (MTT), Seattle, WA, 2013: 1−3.

[17]   Urteaga M, Griffth Z, Seo M, et al. InP HBT technologies for THz integrated circuits[J]. Proceedings of the IEEE, 2017, 105(6): 1051−1067.

第 2 章　半导体器件建模中的去嵌方法

　　半导体器件可以看作一个复杂的系统。虽然通过半导体器件物理方程可以描述器件的物理机理和特性,但是对于初学者来说很难理解。为了方便理解器件的物理机构和特性,通常需要构建一个简单的等效电路模型来表征半导体器件的复杂机理,这个过程称为半导体器件建模。

　　一个完整的 HBT 器件模型主要由本征和寄生两部分组成。器件的本征部分主要通过基本的电路元件来模拟其物理特性,而寄生部分主要源自测试过程中测试结构带来的影响。传统同轴测试系统需要将器件从晶圆上切割下来,用键合线将芯片与 PCB 板上的接口相连,再测量器件伏安特性或 S 参数。随着器件工作频段的升高以及物理尺寸的减小,传统同轴测试系统已经无法满足要求,目前对于高频器件的测试主要通过在片测试系统来完成。在片测试系统将测试设备与芯片上的焊盘通过探针相连接,通过金属互连线来连接 PAD 和被测器件,直接在晶圆上测量半导体器件的 DC 与 RF 特性。但是随着频率的升高,PAD 与金属互连线间的寄生效应不可避免会对测试结果产生不可忽略的影响,因此分析寄生元件去嵌对于 S 参数的影响以及寄生元件的提取方法研究是构建一个高精度模型的关键。只有削去寄生元件的影响,才能开展关于 HBT 器件线性、非线性以及噪声模型的研究。

　　本章主要介绍 HBT 器件寄生元件的去嵌方法,分析去嵌前后寄生元件对 S 参数的影响。

2.1　基本网络参数

　　微波网络信号和噪声矩阵技术是半导体器件建模和参数提取的基础,去嵌方法主要依赖信号参数矩阵和噪声相关矩阵的计算。信号参数矩阵主要包括阻抗参数、导纳参数和散射参数;噪声相关矩阵主要包括阻抗相关矩阵、导纳相关矩阵和级联相关矩阵。

2.1.1 信号参数

1. 阻抗参数

阻抗参数是指利用 4 个阻抗来表征二口网络的线性特性,它以输入输出端口电压为函数,以端口电流为激励变量,具体计算公式如下:

$$V_1 = Z_{11} \cdot I_1 + Z_{12} \cdot I_2 \tag{2.1}$$
$$V_2 = Z_{21} \cdot I_1 + Z_{22} \cdot I_2 \tag{2.2}$$

其中,I_1 和 V_1 分别表示输入端口的电流和电压,I_2 和 V_2 分别表示输出端口的电流和电压。

2. 导纳参数

导纳参数是指利用 4 个导纳来表征二口网络的线性特性,它以输入输出端口电流为函数,以端口电压为激励变量,具体计算公式如下:

$$I_1 = Y_{11} \cdot V_1 + Y_{12} \cdot V_2 \tag{2.3}$$
$$I_2 = Y_{21} \cdot V_1 + Y_{22} \cdot V_2 \tag{2.4}$$

3. 散射参数

用以描述端口网络反射波和入射波之间关系的散射参数 S 定义为

$$b_1 = S_{11} \cdot a_1 + S_{12} \cdot a_2 \tag{2.5}$$
$$b_2 = S_{21} \cdot a_1 + S_{22} \cdot a_2 \tag{2.6}$$

其中,a_1 和 b_1 分别表示输入端口的入射波和反射波,a_2 和 b_2 分别表示输出端口的入射波和反射波。

2.1.2 信号参数之间的关系

利用电路基本定理很容易得到上述网络参数之间的关系,下面分别给出 Z 参数、Y 参数和 S 参数之间的关系。

1. Z 参数和 Y 参数

Z 参数矩阵和 Y 参数矩阵互为逆矩阵,即

$$\boldsymbol{Z} = \boldsymbol{Y}^{-1}, \quad \boldsymbol{Y} = \boldsymbol{Z}^{-1} \tag{2.7}$$

具体公式如下:

$$Y_{11} = \frac{Z_{22}}{Z_{11}Z_{22} - Z_{12}Z_{21}} \tag{2.8}$$

$$Y_{12} = -\frac{Z_{12}}{Z_{11}Z_{22} - Z_{12}Z_{21}} \tag{2.9}$$

$$Y_{21} = -\frac{Z_{21}}{Z_{11}Z_{22} - Z_{12}Z_{21}} \tag{2.10}$$

$$Y_{22} = \frac{Z_{11}}{Z_{11}Z_{22} - Z_{12}Z_{21}} \tag{2.11}$$

$$Z_{11} = \frac{Y_{22}}{Y_{11}Y_{22} - Y_{12}Y_{21}} \tag{2.12}$$

$$Z_{12} = -\frac{Y_{12}}{Y_{11}Y_{22} - Y_{12}Y_{21}} \tag{2.13}$$

$$Z_{21} = -\frac{Y_{21}}{Y_{11}Y_{22} - Y_{12}Y_{21}} \tag{2.14}$$

$$Z_{22} = \frac{Y_{11}}{Y_{11}Y_{22} - Y_{12}Y_{21}} \tag{2.15}$$

2. Z 参数和 S 参数

对于归一化的 z 参数,假设归一化端口电压和电流分别为 $\boldsymbol{u}$ 和 $\boldsymbol{i}$,则有

$$\boldsymbol{u} = \boldsymbol{z}\boldsymbol{i} \tag{2.16}$$

由

$$\boldsymbol{u} = \boldsymbol{a} + \boldsymbol{b} \tag{2.17}$$

$$\boldsymbol{i} = \boldsymbol{a} - \boldsymbol{b} \tag{2.18}$$

$$\boldsymbol{b} = \boldsymbol{S}\boldsymbol{a} \tag{2.19}$$

可以得到 S 参数和归一化 z 参数矩阵之间的关系为

$$\boldsymbol{S} = (\boldsymbol{z} + \boldsymbol{I})^{-1}(\boldsymbol{z} - \boldsymbol{I}) \tag{2.20}$$

同理,可以得到归一化 z 参数和 S 参数矩阵之间的关系为

$$\boldsymbol{z} = (\boldsymbol{S} + \boldsymbol{I})(\boldsymbol{I} - \boldsymbol{S})^{-1} \tag{2.21}$$

非归一化的 Z 参数和 S 参数矩阵之间的关系为

$$\boldsymbol{Z} = Z_o\boldsymbol{z} = Z_o(\boldsymbol{S} + \boldsymbol{I})(\boldsymbol{I} - \boldsymbol{S})^{-1} \tag{2.22}$$

这里 $\boldsymbol{I}$ 为单位矩阵。

Z 参数和 S 参数之间的换算公式如下:

$$Z_{11} = Z_o\frac{(1 + S_{11})(1 - S_{22}) + S_{12}S_{21}}{(1 - S_{11})(1 - S_{22}) - S_{12}S_{21}} \tag{2.23}$$

$$Z_{12} = Z_o\frac{2S_{12}}{(1 - S_{11})(1 - S_{22}) - S_{12}S_{21}} \tag{2.24}$$

$$Z_{21} = Z_o \frac{2S_{21}}{(1 - S_{11})(1 - S_{22}) - S_{12}S_{21}} \quad (2.25)$$

$$Z_{22} = Z_o \frac{(1 - S_{11})(1 + S_{22}) + S_{12}S_{21}}{(1 - S_{11})(1 - S_{22}) - S_{12}S_{21}} \quad (2.26)$$

$$S_{11} = \frac{(Z_{11} - Z_o)(Z_{22} + Z_o) - Z_{12}Z_{21}}{(Z_{11} + Z_o)(Z_{22} + Z_o) - Z_{12}Z_{21}} \quad (2.27)$$

$$S_{12} = \frac{2Z_{12}Z_o}{(Z_{11} + Z_o)(Z_{22} + Z_o) - Z_{12}Z_{21}} \quad (2.28)$$

$$S_{21} = \frac{2Z_{21}Z_o}{(Z_{11} + Z_o)(Z_{22} + Z_o) - Z_{12}Z_{21}} \quad (2.29)$$

$$S_{22} = \frac{(Z_{11} + Z_o)(Z_{22} - Z_o) - Z_{12}Z_{21}}{(Z_{11} + Z_o)(Z_{22} + Z_o) - Z_{12}Z_{21}} \quad (2.30)$$

3. Y 参数和 S 参数

对于归一化的 y 参数,假设归一化端口电压和电流分别为 u 和 i,则有

$$i = yu \quad (2.31)$$

S 参数和归一化 y 参数矩阵之间的关系为

$$S = (I - y)(I + y)^{-1} \quad (2.32)$$

同理,可以得到归一化 y 参数和 S 参数矩阵之间的关系为

$$y = (I - S)(I + S)^{-1} \quad (2.33)$$

非归一化的 Y 参数和 S 参数矩阵之间的关系为

$$Y = Y_o y = Y_o(I - S)(I + S)^{-1} \quad (2.34)$$

Y 参数和 S 参数之间的换算公式如下:

$$Y_{11} = Y_o \frac{(1 - S_{11})(1 + S_{22}) + S_{12}S_{21}}{(1 + S_{11})(1 + S_{22}) - S_{12}S_{21}} \quad (2.35)$$

$$Y_{12} = Y_o \frac{- 2S_{12}}{(1 + S_{11})(1 + S_{22}) - S_{12}S_{21}} \quad (2.36)$$

$$Y_{21} = Y_o \frac{- 2S_{21}}{(1 + S_{11})(1 + S_{22}) - S_{12}S_{21}} \quad (2.37)$$

$$Y_{22} = Y_o \frac{(1 + S_{11})(1 - S_{22}) + S_{12}S_{21}}{(1 + S_{11})(1 + S_{22}) - S_{12}S_{21}} \quad (2.38)$$

$$S_{11} = \frac{(Y_o - Y_{11})(Y_o + Y_{22}) + Y_{12}Y_{21}}{(Y_{11} + Y_o)(Y_{22} + Y_o) - Y_{12}Y_{21}} \quad (2.39)$$

$$S_{12} = \frac{- 2Y_o Y_{12}}{(Y_{11} + Y_o)(Y_{22} + Y_o) - Y_{12}Y_{21}} \quad (2.40)$$

$$S_{21} = \frac{-2Y_\mathrm{o}Y_{21}}{(Y_{11} + Y_\mathrm{o})(Y_{22} + Y_\mathrm{o}) - Y_{12}Y_{21}} \qquad (2.41)$$

$$S_{22} = \frac{(Y_\mathrm{o} + Y_{11})(Y_\mathrm{o} - Y_{22}) + Y_{12}Y_{21}}{(Y_{11} + Y_\mathrm{o})(Y_{22} + Y_\mathrm{o}) - Y_{12}Y_{21}} \qquad (2.42)$$

2.2　二口网络的噪声特性

2.2.1　噪声相关矩阵

常用的二口网络噪声通常包括 4 个参数:最佳噪声系数 $F_{\min}$、最佳源电导 G_{opt}、最佳源电纳 B_{opt} 以及等效噪声电阻 R_N。二口网络噪声可表示为

$$F = F_{\min} + \frac{R_\mathrm{N}}{G_\mathrm{s}}\left| Y_\mathrm{s} - Y_{\mathrm{opt}} \right|^2 \qquad (2.43)$$

这里 Y_s 为信号源导纳,Y_{opt} 为最佳源导纳,可分别表示为

$$Y_\mathrm{s} = G_\mathrm{s} + \mathrm{j}B_\mathrm{s}$$
$$Y_{\mathrm{opt}} = G_{\mathrm{opt}} + \mathrm{j}B_{\mathrm{opt}}$$

阻抗噪声相关矩阵又称为 Z 参数噪声相关矩阵[1,2],端口电压和电流之间的关系为

$$V_1 = Z_{11} \cdot I_1 + Z_{12} \cdot I_2 + <V_{\mathrm{N1}}> \qquad (2.44)$$
$$V_2 = Z_{21} \cdot I_1 + Z_{22} \cdot I_2 + <V_{\mathrm{N2}}> \qquad (2.45)$$

这里 V_{N1} 和 V_{N2} 为输入端口和输出端口的相关噪声电压源,又称为开路噪声电压源,即当输入端口和输出端口均开路时的电压源。二口噪声网络的阻抗噪声相关矩阵可以表示为

$$C_Z = \frac{1}{4kT\Delta f}\begin{bmatrix} \langle V_{\mathrm{N1}} \cdot V_{\mathrm{N1}}^* \rangle & \langle V_{\mathrm{N1}} \cdot V_{\mathrm{N2}}^* \rangle \\ \langle V_{\mathrm{N2}} \cdot V_{\mathrm{N1}}^* \rangle & \langle V_{\mathrm{N2}} \cdot V_{\mathrm{N2}}^* \rangle \end{bmatrix} \qquad (2.46)$$

导纳噪声相关矩阵又称为 Y 参数噪声相关矩阵[1,2],端口电压和电流之间的关系为

$$I_1 = Y_{11} \cdot V_1 + Y_{12} \cdot V_2 + <I_{\mathrm{N1}}> \qquad (2.47)$$
$$I_2 = Y_{21} \cdot V_1 + Y_{22} \cdot V_2 + <I_{\mathrm{N2}}> \qquad (2.48)$$

这里 I_{N1} 和 I_{N2} 为输入端口和输出端口的相关噪声电流源,又称为短路噪声电流

源,即当输入端口和输出端口均短路时的电流源。二口噪声网络的导纳噪声相关矩阵可以表示为

$$C_Y = \frac{1}{4kT\Delta f}\begin{bmatrix} \langle I_{N1} \cdot I_{N1}^* \rangle & \langle I_{N1} \cdot I_{N2}^* \rangle \\ \langle I_{N2} \cdot I_{N1}^* \rangle & \langle I_{N2} \cdot I_{N2}^* \rangle \end{bmatrix} \tag{2.49}$$

级联噪声相关矩阵表示方法又称为级联参数噪声相关矩阵[2,3],相应的端口电压和电流之间的关系为

$$V_1 = A \cdot V_2 - B \cdot I_2 + < V_N > \tag{2.50}$$

$$I_1 = C \cdot V_2 - D \cdot I_2 + < I_N > \tag{2.51}$$

这里 V_N 和 I_N 分别为输入端口的相关噪声电压源和电流源,可以根据当输出端口开路和短路时端口电压和电流确定。二口噪声网络的级联噪声相关矩阵可以表示为

$$C_A = \frac{1}{4kT\Delta f}\begin{bmatrix} \langle V_N \cdot V_N^* \rangle & \langle V_N \cdot I_N^* \rangle \\ \langle I_N \cdot V_N^* \rangle & \langle I_N \cdot I_N^* \rangle \end{bmatrix} \tag{2.52}$$

2.2.2 噪声相关矩阵之间的关系

阻抗噪声相关矩阵、导纳噪声相关矩阵以及级联噪声相关矩阵之间可以相互转换,下面给出噪声相关矩阵 C_Z、C_Y 和 C_A 之间的换算公式[3]。

(1) $C_Z \rightarrow C_Y$

由公式

$$\begin{bmatrix} < I_{N1} > \\ < I_{N2} > \end{bmatrix} = -\begin{bmatrix} Y_{11} & Y_{12} \\ Y_{21} & Y_{22} \end{bmatrix}\begin{bmatrix} < V_{N1} > \\ < V_{N2} > \end{bmatrix} \tag{2.53}$$

可以得到

$$C_{Y_{11}} = |Y_{11}|^2 C_{Z_{11}} + |Y_{12}|^2 C_{Z_{22}} + Y_{11}Y_{12}^* C_{Z_{12}} + Y_{12}Y_{11}^* C_{Z_{21}} \tag{2.54}$$

$$C_{Y_{22}} = |Y_{21}|^2 C_{Z_{11}} + |Y_{22}|^2 C_{Z_{22}} + Y_{21}Y_{22}^* C_{Z_{12}} + Y_{22}Y_{21}^* C_{Z_{21}} \tag{2.55}$$

$$C_{Y_{12}} = C_{Z_{11}}Y_{11}Y_{21}^* + C_{Z_{22}}Y_{12}Y_{22}^* + Y_{11}Y_{22}^* C_{Z_{12}} + Y_{12}Y_{21}^* C_{Z_{21}} \tag{2.56}$$

$$C_{Y_{21}} = C_{Z_{11}}Y_{21}Y_{11}^* + C_{Z_{22}}Y_{12}^*Y_{22} + Y_{12}^*Y_{21}C_{Z_{12}} + Y_{11}^*Y_{22}C_{Z_{21}} \tag{2.57}$$

(2) $C_Y \rightarrow C_Z$

由公式

$$\begin{bmatrix} < V_{N1} > \\ < V_{N2} > \end{bmatrix} = -\begin{bmatrix} Z_{11} & Z_{12} \\ Z_{21} & Z_{22} \end{bmatrix}\begin{bmatrix} < I_{N1} > \\ < I_{N2} > \end{bmatrix} \tag{2.58}$$

可以得到

$$C_{Z_{11}} = C_{Y_{11}} |Z_{11}|^2 + C_{Y_{22}} |Z_{12}|^2 + Z_{11} Z_{12}^* C_{Y_{12}} + Z_{12} Z_{11}^* C_{Y_{21}} \tag{2.59}$$

$$C_{Z_{22}} = C_{Y_{11}} |Z_{21}|^2 + C_{Y_{22}} |Z_{22}|^2 + Z_{21} Z_{22}^* C_{Y_{12}} + Z_{22} Z_{21}^* C_{Y_{21}} \tag{2.60}$$

$$C_{Z_{12}} = C_{Y_{11}} Z_{11} Z_{21}^* + C_{Y_{22}} Z_{22}^* Z_{12} + Z_{11} Z_{22}^* C_{Y_{12}} + Z_{12} Z_{21}^* C_{Y_{21}} \tag{2.61}$$

$$C_{Z_{21}} = C_{Y_{11}} Z_{11}^* Z_{21} + C_{Y_{22}} Z_{22} Z_{12}^* + Z_{12}^* Z_{21} C_{Y_{12}} + Z_{11}^* Z_{22} C_{Y_{21}} \tag{2.62}$$

（3）$C_A \to C_Z$

由公式

$$V_{N1} = V_N - I_N Z_{11} \tag{2.63}$$

$$V_{N2} = - I_N Z_{21} \tag{2.64}$$

可以得到

$$C_{Z_{11}} = C_{A_{11}} + C_{A_{22}} |Z_{11}|^2 - Z_{11}^* C_{A_{12}} - Z_{11} C_{A_{21}} \tag{2.65}$$

$$C_{Z_{12}} = C_{A_{22}} Z_{21}^* Z_{11} - C_{A_{12}} Z_{21}^* \tag{2.66}$$

$$C_{Z_{21}} = C_{A_{22}} Z_{11}^* Z_{21} - C_{A_{21}} Z_{21} \tag{2.67}$$

$$C_{Z_{22}} = C_{A_{22}} |Z_{21}|^2 \tag{2.68}$$

（4）$C_Z \to C_A$

由公式

$$V_N = V_{N1} - \frac{Z_{11} V_{N2}}{Z_{21}} \tag{2.69}$$

$$I_N = - \frac{V_{N2}}{Z_{21}} \tag{2.70}$$

可以得到

$$C_{A_{11}} = C_{Z_{11}} + C_{Z_{22}} \frac{|Z_{11}|^2}{|Z_{21}|^2} - \frac{Z_{11}^*}{Z_{21}^*} C_{Z_{12}} - \frac{Z_{11}}{Z_{21}} C_{Z_{21}} \tag{2.71}$$

$$C_{A_{12}} = C_{Z_{22}} \frac{Z_{11}}{|Z_{21}|^2} - C_{Z_{12}} \frac{1}{Z_{21}^*} \tag{2.72}$$

$$C_{A_{21}} = C_{Z_{22}} \frac{Z_{11}^*}{|Z_{21}|^2} - C_{Z_{21}} \frac{1}{Z_{21}} \tag{2.73}$$

$$C_{A_{22}} = C_{Z_{22}} \frac{1}{|Z_{21}|^2} \tag{2.74}$$

（5）$C_A \to C_Y$

由公式

$$I_{N1} = I_N - Y_{11} V_N \tag{2.75}$$

$$I_{\mathrm{N2}} = -V_{\mathrm{N}}Y_{21} \tag{2.76}$$

可以得到

$$C_{Y_{11}} = C_{A_{22}} + C_{A_{11}}|Y_{11}|^2 - Y_{11}^* C_{A_{21}} - Y_{11} C_{A_{12}} \tag{2.77}$$

$$C_{Y_{12}} = C_{A_{11}} Y_{21}^* Y_{11} - C_{A_{21}} Y_{21}^* \tag{2.78}$$

$$C_{Y_{21}} = C_{A_{11}} Y_{11}^* Y_{21} - C_{A_{12}} Y_{21} \tag{2.79}$$

$$C_{Y_{22}} = C_{A_{11}}|Y_{21}|^2 \tag{2.80}$$

（6）$\boldsymbol{C}_Y \rightarrow \boldsymbol{C}_A$

由公式

$$I_{\mathrm{N}} = I_{\mathrm{N1}} - \frac{Y_{11}}{Y_{21}} I_{\mathrm{N2}} \tag{2.81}$$

$$V_{\mathrm{N}} = -\frac{I_{\mathrm{N2}}}{Y_{21}} \tag{2.82}$$

可以得到

$$C_{A_{11}} = \frac{C_{Y_{22}}}{|Y_{21}|^2} \tag{2.83}$$

$$C_{A_{12}} = \frac{Y_{11}^* C_{Y_{22}} - Y_{21}^* C_{Y_{21}}}{|Y_{21}|^2} \tag{2.84}$$

$$C_{A_{21}} = (C_{A_{12}})^* \tag{2.85}$$

$$C_{A_{22}} = C_{Y_{11}} + \frac{|Y_{11}|^2 C_{Y_{22}}}{|Y_{21}|^2} - 2\mathrm{Re}\left(\frac{Y_{11}}{Y_{21}} C_{Y_{21}}\right) \tag{2.86}$$

2.3　二口网络的互联

二口网络的互联主要有以下 3 种形式：串联形式、并联形式和级联形式，下面分别介绍这 3 种形式。

1. 二口网络的串联

将阻抗矩阵分别为 $\boldsymbol{Z}_1$ 和 $\boldsymbol{Z}_2$ 的两个二口网络串联，其总的阻抗矩阵为

$$\boldsymbol{Z} = \boldsymbol{Z}_1 + \boldsymbol{Z}_2 \tag{2.87}$$

将噪声阻抗相关矩阵分别为 $\boldsymbol{C}_{Z_1}$ 和 $\boldsymbol{C}_{Z_2}$ 的两个二口网络串联，其总的噪声阻抗相关矩阵为

$$C_Z = C_{Z_1} + C_{Z_2} \tag{2.88}$$

2. 二口网络的并联

将导纳矩阵分别为 $\boldsymbol{Y}_1$ 和 $\boldsymbol{Y}_2$ 的两个二口网络并联,其总的导纳矩阵为

$$\boldsymbol{Y} = \boldsymbol{Y}_1 + \boldsymbol{Y}_2 \tag{2.89}$$

将噪声导纳相关矩阵分别为 $\boldsymbol{C}_{Y_1}$ 和 $\boldsymbol{C}_{Y_2}$ 的两个二口网络串联,其总的噪声导纳相关矩阵为

$$\boldsymbol{C}_Y = \boldsymbol{C}_{Y_1} + \boldsymbol{C}_{Y_2} \tag{2.90}$$

3. 二口网络的级联

将级联矩阵分别为 $\boldsymbol{A}_1$ 和 $\boldsymbol{A}_2$ 的两个二口网络级联,其总的级联矩阵为

$$\boldsymbol{A} = \boldsymbol{A}_1 \cdot \boldsymbol{A}_2 \tag{2.91}$$

将噪声级联相关矩阵分别为 $\boldsymbol{C}_{A_1}$ 和 $\boldsymbol{C}_{A_2}$ 的两个二口网络级联,其总的噪声级联相关矩阵为

$$\boldsymbol{C}_A = \boldsymbol{C}_{A_1} + \boldsymbol{A}_1 \boldsymbol{C}_{A_2} \boldsymbol{A}_1^{\mathrm{H}} \tag{2.92}$$

其中 $\boldsymbol{A}_1^{\mathrm{H}}$ 为 $\boldsymbol{A}_1$ 的共轭转置矩阵。

2.4　寄生元件削去方法

为了获取半导体器件的 S 参数,需要将附加的寄生元件一一削去,也称为 De-embedding 技术[4-6]。实际上,此项技术是网络级联技术的反向运算。下面分别介绍串联、并联和级联寄生元件的削去方法。

2.4.1　并联寄生元件削去方法

图 2.1 给出了半导体器件和并联寄生元件构成的导纳网络,如果测试获得的 Y 参数为 Y^{M},则器件本身的 Y 参数可以表示为

$$Y_{11}^{\mathrm{DUT}} = Y_{11}^{\mathrm{M}} - Y_{11}^{\mathrm{P}} \tag{2.93}$$

$$Y_{12}^{\mathrm{DUT}} = Y_{12}^{\mathrm{M}} - Y_{12}^{\mathrm{P}} \tag{2.94}$$

$$Y_{21}^{\mathrm{DUT}} = Y_{21}^{\mathrm{M}} - Y_{21}^{\mathrm{P}} \tag{2.95}$$

$$Y_{22}^{\mathrm{DUT}} = Y_{22}^{\mathrm{M}} - Y_{22}^{\mathrm{P}} \tag{2.96}$$

这里

$$Y_{11}^{\mathrm{P}} = Y_1 + Y_3 \tag{2.97}$$

$$Y_{12}^{\mathrm{P}} = -Y_3 \tag{2.98}$$

$$Y_{21}^{\mathrm{P}} = -Y_3 \tag{2.99}$$

$$Y_{22}^{\mathrm{P}} = Y_2 + Y_3 \tag{2.100}$$

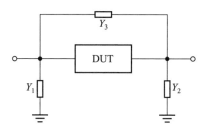

图 2.1 半导体器件和并联寄生元件构成的网络

在实际电路模拟软件中,可以利用负元件的方法削去寄生元件,如图 2.2 所示,在输入、输出和输入输出之间分别并联一个对应的负导纳,以达到获得被测件导纳网络参数的目的。

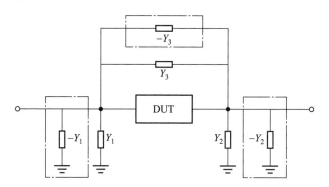

图 2.2 利用负元件的方法削去并联寄生元件

2.4.2 串联寄生元件削去方法

图 2.3 给出了半导体器件和串联寄生元件构成的阻抗网络,如果测试获得的 Z 参数为 Z^{M},则器件本身的 Z 参数可以表示为

$$Z_{11}^{\mathrm{DUT}} = Z_{11}^{\mathrm{M}} - Z_{11}^{\mathrm{S}} \tag{2.101}$$

$$Z_{12}^{\mathrm{DUT}} = Z_{12}^{\mathrm{M}} - Z_{12}^{\mathrm{S}} \tag{2.102}$$

$$Z_{21}^{\mathrm{DUT}} = Z_{21}^{\mathrm{M}} - Z_{21}^{\mathrm{S}} \tag{2.103}$$

$$Z_{22}^{\mathrm{DUT}} = Z_{22}^{\mathrm{M}} - Z_{22}^{\mathrm{S}} \tag{2.104}$$

这里,

$$Z_{11}^S = Z_1 + Z_3 \tag{2.105}$$

$$Z_{12}^S = Z_3 \tag{2.106}$$

$$Z_{21}^S = Z_3 \tag{2.107}$$

$$Z_{22}^S = Z_2 + Z_3 \tag{2.108}$$

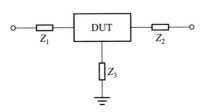

图 2.3   半导体器件和串联寄生元件构成的阻抗网络

和削去并联寄生元件类似,利用负元件的方法削去串联寄生元件,如图 2.4 所示,在 3 个端口分别串联一个对应的负阻抗,以达到获得被测件阻抗网络参数的目的。

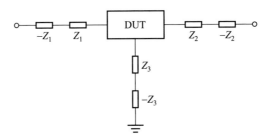

图 2.4   利用负元件的方法削去串联寄生元件

2.4.3   级联寄生元件削去方法

图 2.5 给出了半导体器件和级联寄生网络构成的传输参数网络。如果测试获得的传输参数为 A_M,则器件本身的传输参数可以表示为

$$A_\text{DUT} = A_1^{-1} A_\text{M} A_2^{-1} \tag{2.109}$$

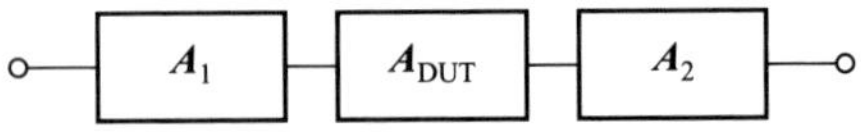

图 2.5   半导体器件和级联寄生网络构成的传输参数网络

这里,A_{DUT}表示被测件的传输参数矩阵,A_1表示输入网络的传输参数矩阵,A_2表示输出网络的传输参数矩阵。

2.5　HBT 器件寄生元件的去嵌方法

本节以 HBT 器件为例说明寄生元件对器件 S 参数的影响,寄生元件主要包括 PAD 电容、寄生电感和寄生电阻。

2.5.1　PAD 电容的去嵌方法

为了分析寄生电容的去嵌技术,这里选用了发射极面积为 $5 \times 5 \ \mu\text{m}^2$ 的 InP HBT 器件进行 1 GHz～110 GHz S 参数在片测试。图 2.6 给出了 PAD 电容和 HBT 器件的并联结构示意图。

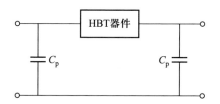

图 2.6　PAD 电容和 HBT 器件的并联结构示意图

图 2.7 给出了寄生电容去嵌前和去嵌后 S 参数随频率的变化曲线。从图中可以看到以下现象:

(1)去嵌 PAD 电容对 S_{11} 实部影响不大;而随着去嵌电容的增大,S_{11} 的虚部变化逐渐增加,并且随频率的增加影响也越来越大。

(2)去嵌 PAD 电容对 S_{21} 实部和虚部影响均不大,可以忽略。

(3)去嵌 PAD 电容对 S_{12} 实部影响不大,但是在毫米波频段随 PAD 电容增加略有变化;随着去嵌电容的增加,S_{12} 的虚部变化明显,并且随频率的增加影响也越来越大。

(4)去嵌 PAD 电容对 S_{22} 实部影响不大;而随着去嵌电容的增大,S_{22} 的虚部变化逐渐增加,并且随频率的增加影响也越来越大。

表 2.1 对 PAD 电容去嵌前后进行了对比总结。

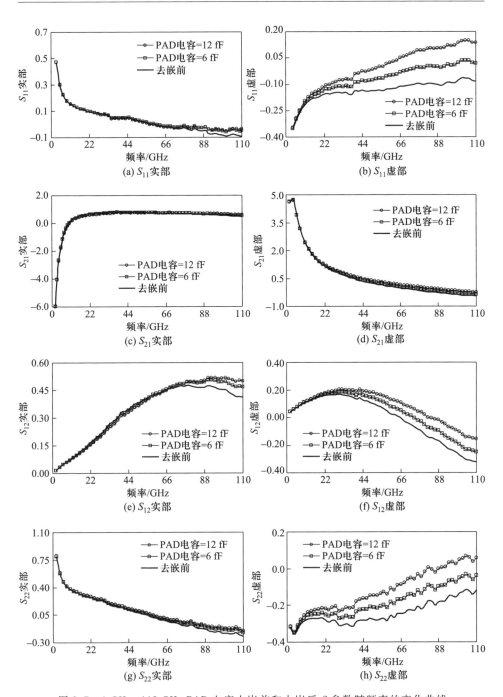

图 2.7　1 GHz ~ 110 GHz PAD 电容去嵌前和去嵌后 S 参数随频率的变化曲线

表 2.1 PAD 电容去嵌前后对比

S 参数	对实部影响	对虚部影响
S_{11}	影响较小,可忽略不计	虚部变化明显,随 PAD 电容增大而增大
S_{21}	影响较小,可忽略不计	影响较小,可忽略不计
S_{12}	影响较小,毫米波频段略有变化	虚部变化明显,随 PAD 电容增大而增大
S_{22}	影响较小,毫米波频段略有变化	虚部变化明显,随 PAD 电容增大而增大

2.5.2 寄生电感的去嵌方法

这里以引线电感为例介绍寄生电感的去嵌方法。图 2.8 给出了引线电感和 HBT 器件的串联结构示意图,其中 L_p 表示引线电感。

图 2.8 引线电感和 HBT 器件的串联结构示意图

引线电感去嵌前和去嵌后 S 参数随频率的变化曲线如图 2.9 所示,从图中可以看到以下现象:

(1) 去嵌引线电感对 S_{11} 实部影响不大,但是不可忽略(略有增加);而随着去嵌引线电感的增大,S_{11} 的虚部逐渐下降,并且随频率的变大影响也越来越大。

(2) 去嵌引线电感对 S_{21} 实部和虚部影响均不大,可以忽略。

(3) 去嵌引线电感对 S_{12} 实部影响有限,会随着去嵌引线电感的增加而减小;随着去嵌引线电感的增大,S_{12} 的虚部变化明显,并且随频率的变大影响也越来越大。

(4) 去嵌引线电感对 S_{22} 实部影响有限,略有增加;而随着去嵌引线电感的增大,S_{22} 的虚部逐渐下降,并且随频率的变大影响也越来越大。

表 2.2 对引线电感去嵌前后进行了对比总结。

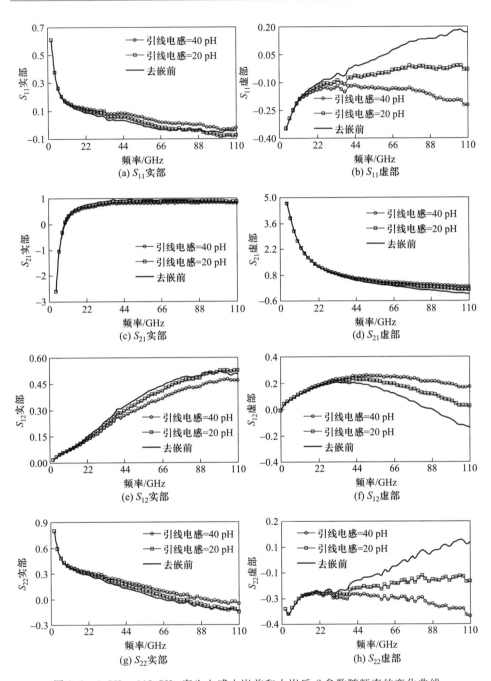

图 2.9　1 GHz~110 GHz 寄生电感去嵌前和去嵌后 S 参数随频率的变化曲线

表 2.2 引线电感去嵌前后对比

参数	对实部影响	对虚部影响
S_{11}	影响不大,不可忽略	虚部变化明显,随引线电感增大而减小
S_{21}	影响较小,可忽略不计	影响较小,可忽略不计
S_{12}	变化有限,随引线电感增大而减小	变化明显,随引线电感增大而增大
S_{22}	变化不大,随引线电感增大而增大	变化明显,随引线电感增大而减小

2.5.3 寄生电阻的去嵌方法

图 2.10 给出了寄生电阻和 HBT 器件的串联结构示意图,其中 R_b 表示基极电阻,R_c 表示集电极电阻,R_e 表示发射极电阻。

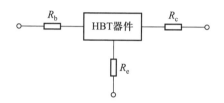

图 2.10 寄生电阻和 HBT 器件的串联结构示意图

图 2.11 给出了寄生电阻 R_c 去嵌前后 S 参数随频率的变化曲线。由于 R_c 对 S_{11} 和 S_{21} 的影响不大,因此仅给出了 S_{12} 和 S_{22} 的变化曲线。可以看出,S_{12} 的实部和虚部均随寄生电阻 R_c 的增大而增大,S_{22} 的实部和虚部均随寄生电阻 R_c 的增大而减小。表 2.3 对寄生电阻 R_c 去嵌前后进行了对比总结。

表 2.3 寄生电阻 R_c 去嵌前后对比

S 参数	对实部影响	对虚部影响
S_{11}	影响不大	影响不大
S_{21}	影响不大	影响不大
S_{12}	随寄生电阻增大而增大	随寄生电阻增大而增大
S_{22}	随寄生电阻增大而减小	随寄生电阻增大而减小

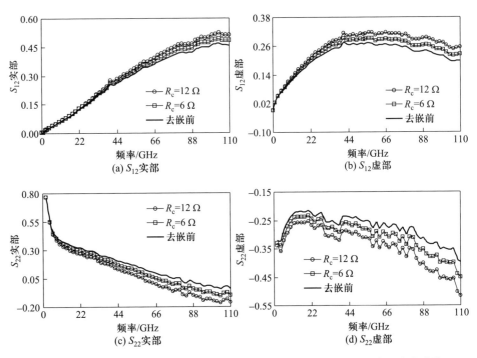

图 2.11　1 GHz~110 GHz 寄生电阻 R_c 去嵌前和去嵌后 S 参数随频率的变化曲线

图 2.12 给出了寄生电阻 R_b 去嵌前后 S 参数随频率的变化曲线。由于 R_b 对 S_{21} 和 S_{22} 的影响不大,因此仅给出了 S_{11} 和 S_{12} 的变化曲线。可以看出 S_{11} 的实部和虚部均随寄生电阻 R_b 的增大而减小,S_{12} 的实部和虚部均随寄生电阻 R_b 的增大而增大。表 2.4 对寄生电阻 R_b 去嵌前后进行了对比总结。

表 2.4　寄生电阻 R_b 去嵌前后对比

S 参数	对实部影响	对虚部影响
S_{11}	随寄生电阻增大而减小	随寄生电阻增大而减小
S_{21}	影响不大	影响不大
S_{12}	随寄生电阻增大而增大	随寄生电阻增大而增大
S_{22}	影响不大	影响不大

图 2.13 给出了寄生电阻 R_e 去嵌前后 S 参数随频率的变化曲线。由于 R_e 对 S_{12} 和 S_{22} 的影响不大,因此仅给出了 S_{11} 和 S_{21} 的变化曲线。R_e 对 S 参数的高频段影响不大,仅影响 30 GHz 以下的频段。可以看出,S_{11} 的实部随寄生电阻 R_e

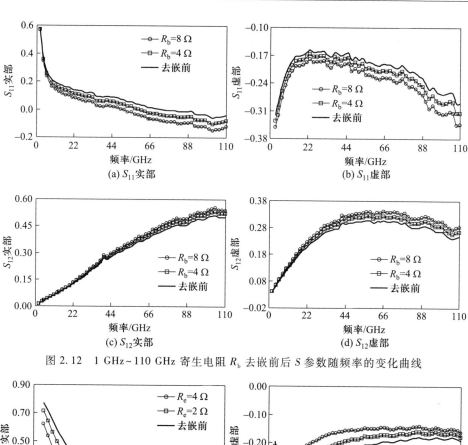

图 2.12 1 GHz~110 GHz 寄生电阻 R_b 去嵌前后 S 参数随频率的变化曲线

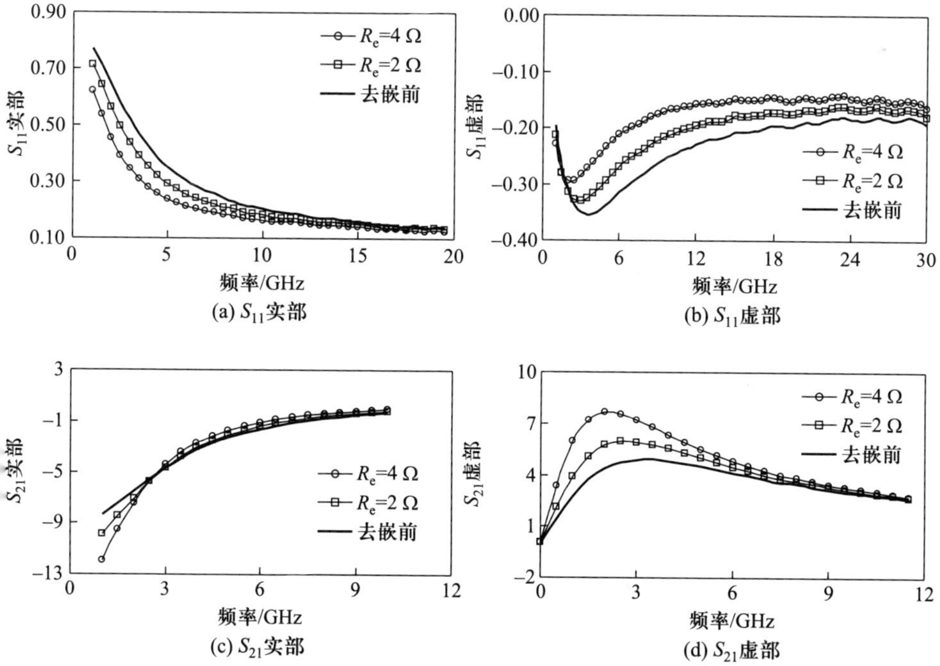

图 2.13 1 GHz~30 GHz 寄生电阻 R_e 去嵌前后 S 参数随频率的变化曲线

的增大而减小,S_{11} 的虚部随寄生电阻 R_e 的增大而增大;S_{21} 的实部变化不大,S_{21} 的虚部在低频段随寄生电阻 R_e 的增大而增大。表 2.5 对寄生电阻 R_e 去嵌前后进行了对比总结。

表 2.5   寄生电阻 R_e 去嵌前后对比

S 参数	对实部影响	对虚部影响
S_{11}	随电阻增大而减小	随电阻增大而增大
S_{21}	变化不大	随电阻增大而增加
S_{12}	影响不大	影响不大
S_{22}	影响不大	影响不大

通过上述寄生元件对于 HBT 器件 S 参数影响的分析可以看出,当晶体管工作频率大于 10 GHz 时,互连线间寄生元件对于器件模型的影响已经不能忽略。提取出准确的寄生参数值来削去测试结构对于器件的影响,是构建高精度线性模型、非线性模型以及噪声模型的基础。对于 HBT 器件来说,高频时馈线的影响以及基极、集电极和发射极寄生电阻的提取过程是目前高频建模研究工作的热点。

2.6   本章小结

本章首先介绍了常用的二口网络信号参数矩阵,总结了不同参数矩阵之间的关系,介绍了二口噪声网络的噪声相关矩阵及其相互关系,给出了串联、并联和级联时网络总噪声相关矩阵计算方法;其次总结了网络嵌入和去嵌技术;最后讨论了 HBT 器件寄生元件的去嵌方法以及对器件特性的影响。

参考文献

[1]   Rothe H,Dahlke W. Theory of noisy fourpoles[J]. Proceedings of the IRE,1956,44(6): 811-818.

[2]   Haus H A,Atkinson W R,Branch G M,et al. Representation of noise in linear twoports[J]. Proceedings of the IRE,2007,48(1):69-74.

[3] Hillbrand H,Russer P. An efficient method for computer aided noise analysis of linear amplifier networks[J]. IEEE Transactions on Circuits and Systems,1976,23(4):235-238.

[4] Tiemeijer L F,Havens R J,Jansman A B M,et al. Comparison of the "pad-open-short" and "open-short-load" deembedding techniques for accurate on-wafer RF characterization of high-quality passives[J]. IEEE Transactions on Microwave Theory and Techniques,2005,53(2): 723-729.

[5] Lee C, Lin W, Lin Y, et al. An improved millimeter-wave general cascade de-embedding method for 110 GHz on-wafer transistor measurements[J]. IEEE Transactions on Semiconductor Manufacturing,2017,30(1):98-104.

[6] Wu Y,Hao Y,Liu J,et al. An improved ultrawideband open-short de-embedding method applied up to 220 GHz[J].IEEE Transactions on Components, Packaging and Manufacturing Technology,2018,8(2):269-276.

第3章 HBT器件基本工作原理

威廉·肖克利(William Shockley)、约翰·巴丁(John Bardeen)和沃尔特·布拉顿(Walter Brattain)于1947年成功地在贝尔实验室制造出第一个锗晶体管。随后威廉·肖克利于1950年研制出双极晶体管（Bipolar Junction Transistor,BJT）,就是现在常用的双极晶体管。异质结双极晶体管是在双极晶体管基础上发展演变而成的,二者的工作机理和器件结构具有很大的相似性。因此在阐述异质结双极晶体管的工作原理和建模技术之前,有必要先介绍硅基双极晶体管的工作机理和建模技术,这对于更好地理解异质结双极晶体管是非常有益的;然后介绍异质结晶体管的工作原理以及在微波射频电路中的应用。

3.1 PN 结二极管

所有的双极晶体管都是由两个背靠背的PN结二极管构成的,而PN结二极管则是由P型半导体区和N型半导体区接触形成的。本节主要讨论PN结二极管的工作机理、建模技术和相应的等效电路模型参数提取技术。

P型半导体和N型半导体的物理接触导致了一个重要的和有源半导体器件相关联的概念的诞生:PN结。由PN结构成的二极管是有源半导体器件中的基本元件,大多数半导体晶体管的工作机理与此相关。图3.1给出了典型的PN结和相应的空间电荷区,P型半导体区由一块半导体单晶材料掺入受主原子杂质(浓度记为N_A)形成,N型半导体区由一块半导体单晶材料掺入施主原子杂质(浓度记为N_D)形成。P型半导体区(简称P区)和N型半导体区(简称N区)的掺杂浓度是均匀分布的,在交界面处形成掺杂浓度的突变。由于两边的载流子浓度不同,P区的多子空穴会向N区扩散,而N区的多子电子会向P区扩散。随着电子向P区扩散以及空穴向N区扩散,带正电的施主离子被留在了交界处N区一侧,而带负电的受主离子则被留在了交界处P区一侧,这样在交界处正负电荷形成了一个内建电场。值得注意的是,内建电场的方向和扩散电流的方向相反,随着正负电荷的聚积,电场强度越来越强,扩散电流越来越小直至消失。内建电场区域称为空间电荷区。由于空间电荷区不存在可以移动的载流子,亦即没有电子和空穴,因此又被称为耗尽区。

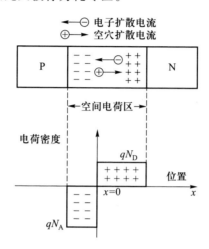

图 3.1　PN 结和相应的空间电荷区

空间电荷区的内建电势由 P 型半导体区和 N 型半导体区的掺杂浓度和本征载流子浓度决定,计算公式为

$$V_{bi} = V_t \ln\left(\frac{N_A N_D}{n_i^2}\right) \quad (3.1)$$

这里 $V_t = kT/q$ 为热电势,其中 k 为玻尔兹曼常数,T 为绝对温度,q 为电子电荷。对于硅材料,本征载流子浓度 $n_i = 1.5 \times 10^{10} \mathrm{cm}^{-3}$;对于 GaAs 材料,本征载流子浓度 $n_i = 1.8 \times 10^6 \mathrm{cm}^{-3}$;对于锗材料,本征载流子浓度 $n_i = 2.4 \times 10^{13} \mathrm{cm}^{-3}$。

图 3.2 给出了硅材料和 GaAs 材料内建电势随掺杂浓度的变化曲线。可以看到,硅材料 PN 结内建电势在 $0.7 \sim 0.8$ V,而 GaAs 材料 PN 结内建电势在 $1.2 \sim 1.3$ V。上述计算假设环境温度为 300 K。

空间电荷区的宽度由 N 区和 P 区两部分耗尽区组成,计算公式如下[1]:

$$W_N = \sqrt{\frac{2\varepsilon V_{bi}}{q}\left[\frac{N_D}{N_A(N_A + N_D)}\right]} \quad (3.2)$$

$$W_P = \sqrt{\frac{2\varepsilon V_{bi}}{q}\left[\frac{N_A}{N_D(N_A + N_D)}\right]} \quad (3.3)$$

这里 W_N 和 W_P 分别为 N 区和 P 区耗尽区的宽度,ε 为半导体材料的介电常数。

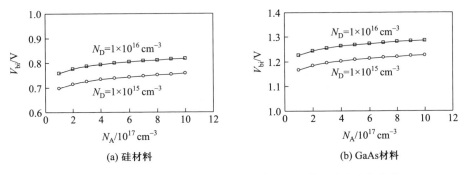

图 3.2　硅材料和 GaAs 材料 PN 结内建电势随掺杂浓度变化曲线

将这两个部分相加,可以得到总的空间电荷区的宽度 W 为

$$W = \sqrt{\frac{2\varepsilon V_{bi}}{q}\left[\frac{(N_A + N_D)}{N_A N_D}\right]} \qquad (3.4)$$

图 3.3 给出了硅材料和 GaAs 材料 PN 结耗尽区宽度随掺杂浓度变化曲线。可以看到,由于受主原子掺杂浓度远远高于施主原子掺杂浓度,因此耗尽区宽度基本不随受主原子掺杂浓度的变化而变化,而随施主原子掺杂浓度的增加而下降。这里用到的硅的相对介电常数为 11.9,GaAs 的相对介电常数为 13.1。

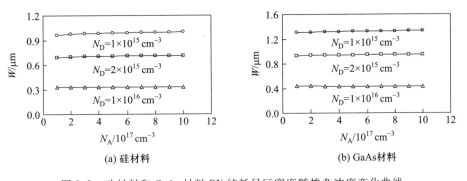

图 3.3　硅材料和 GaAs 材料 PN 结耗尽区宽度随掺杂浓度变化曲线

上面介绍了 PN 结的基本工作机理,下面介绍由 PN 结通过欧姆接触形成的二极管在不同偏置状态下的耗尽区宽度变化和相应的能带分布曲线[2]。

当 PN 结二极管两端不加偏置电压时,PN 结处于热平衡状态,整个半导体系统的费米能级处处相等。由于 P 区和 N 区之间的导带和价带的位置随着费米能级的位置变化而变化,因此空间电荷区的能带发生弯曲。图 3.4 给出了零偏置电压下 PN 结二极管能带分布示意图,图中 E_c 和 E_v 分别为导带能带和价带能带,E_{FN} 和 E_{FP} 分别为 N 型和 P 型半导体材料的费米能级。

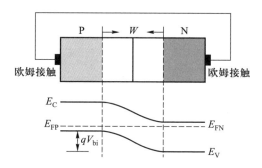

图 3.4　零偏置电压下 PN 结二极管能带分布示意图

为了方便读者理解费米能级,下面简要介绍费米能级的概念及其在 P 型和 N 型半导体材料中的位置。费米能级的物理意义是,该能级上的一个状态被电子占据的概率是 50%。本征半导体的费米能级称为本征费米能级。由于本征半导体导带中的电子浓度和价带中的空穴浓度相等,如果电子和空穴的质量相等,那么本征费米能级将位于禁带中间的位置。对于 N 型半导体,其费米能级位于本征费米能级之上,靠近导带的位置;对于 P 型半导体,其费米能级位于本征费米能级之下,靠近价带的位置。图 3.5 给出了 N 型半导体和 P 型半导体费米能带分布示意图。

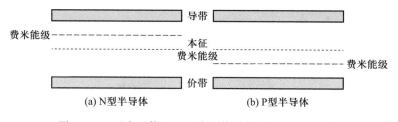

图 3.5　N 型半导体和 P 型半导体费米能带分布示意图

当 PN 结二极管两端加反向偏置电压(即 $V_R < 0$)时,热平衡被打破,N 区的费米能级将低于 P 区的费米能级,两者之差等于外加反向电压 V_R 和电荷的乘积。图 3.6 给出了反向偏置状态下 PN 结二极管能带分布示意图,可以看到耗尽区的势垒大于零偏置情况下的势垒高度,电子越过势垒变得更加困难,此时 PN 结二极管基本没有电流流过。另外由于空间电荷区域电场的加强,空间电荷区域向两侧扩大,此时空间电荷区宽度由下面的公式决定:

$$W = \sqrt{\frac{2\varepsilon(V_{bi} - V_R)}{q}\left[\frac{(N_A + N_D)}{N_A N_D}\right]} \qquad (3.5)$$

当 PN 结二极管两端加正向偏置电压时(即 $V_A > 0$),在这种情况下 N 区的费

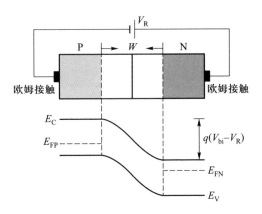

图 3.6   反向偏置状态下 PN 结二极管能带分布示意图

米能级要高于 P 区的费米能级。图 3.7 给出了正向偏置状态下 PN 结二极管能带分布示意图,可以看到耗尽区的势垒低于零偏置情况下的势垒高度,电子越过势垒变得更加容易,此时 PN 结二极管存在由于电子和空穴扩散形成的电流。另外由于空间电荷区域电场的削弱,空间电荷区域向交界处靠拢,此时空间电荷区宽度由下面的公式决定:

$$W = \sqrt{\frac{2\varepsilon(V_{bi} - V_A)}{q}\left[\frac{(N_A + N_D)}{N_A N_D}\right]}, \quad V_{bi} \geqslant V_A \tag{3.6}$$

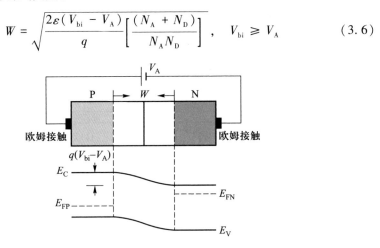

图 3.7   正向偏置状态下 PN 结二极管能带分布示意图

值得注意的是当外加正向偏置电压 V_A 高于内建电势的时候,空间电荷区域消失,流过 PN 结二极管的电流将迅速增加。图 3.8 分别给出了硅基和 GaAs 基 PN 结二极管耗尽区宽度随偏置电压的变化曲线,从图中可以看到,随着反向偏置电压的增加耗尽区宽度随之增加,而随着正向偏置电压的增加耗尽区宽度越来越小,当正向偏置电压趋近于内建电势的时候耗尽区基本消失。图 3.9 给出了 PN 结二极管直流电流随偏置电压变化曲线,可以看到硅基二极管和 GaAs 基二极管的膝点电压均为其热平衡时的内建电势。

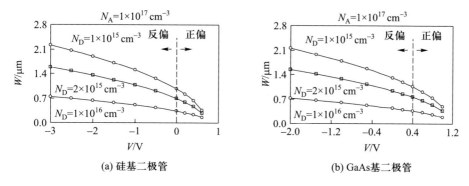

(a) 硅基二极管   (b) GaAs基二极管

图 3.8 PN 结二极管耗尽区宽度随偏置电压变化曲线

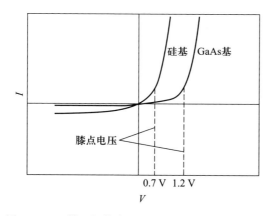

图 3.9 PN 结二极管直流电流随偏置电压变化曲线

3.2 双极晶体管工作原理

双极晶体管之所以称为"双极",是因为器件电流由空穴和电子同时参与形成,而不像场效应晶体管那样电流仅由电子参与形成。与同样在硅基上制作的场效应晶体管相比,双极晶体管具有如下特点:

(1)较高的特征频率。由于双极晶体管是垂直结构,在工艺上很容易通过外延、扩散和注入等过程控制各层的厚度到亚微米量级,使得电流在垂直方向流动延时缩短。

（2）由于整个发射区域和电流直接接触,芯片单位面积具有较高的电流驱动能力。

（3）由于输出电流和输入电压的指数关系,器件具有较高的跨导。

（4）由于容易制作大厚度的集电极区域,器件具有较高的击穿电压。

（5）由基极-发射极 PN 结内建电势控制的输出电流的开态阈值电压很容易控制。

（6）具有较小的低频噪声拐角频率。

3.2.1   工作机理

双极晶体管包括 NPN 和 PNP 两大类,3 个字母代表 3 个不同掺杂的扩散区:发射极（Emitter）、基极（Base）和集电极（Collector）。这 3 个端子构成两个背靠背的 PN 结二极管:基极-发射极结和基极-集电极结,或者称之为 B-E 结和 B-C 结。图 3.10 给出了 NPN 双极晶体管物理结构和相应的电路符号,从电路符号来看主要的区别在于发射极的电流方向。图 3.11 给出了典型的 NPN 双极晶体管横截面示意图和立体结构示意图。可以看到基区夹在发射区和集电区之间形成三明治结构,为了将各个晶体管隔离起来,需要添加一层 p+区形成隔离区。主要的工艺流程如下:

（1）在 p 型衬底上制作 n+掩埋层,以降低集电极区域的电阻。

（2）生长 n 外延层。

（3）p+隔离扩散,p 基极隔离扩散,n+发射极隔离扩散。

（4）p+欧姆接触,金属沉积和刻蚀。

（5）键合引线。

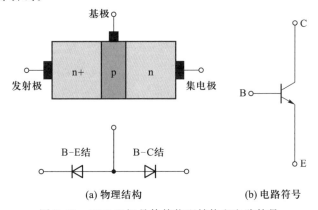

图 3.10   NPN 双极晶体管物理结构和电路符号

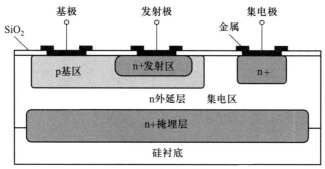

(a) 横截面示意图

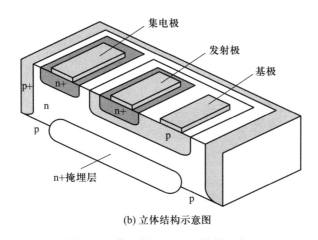

(b) 立体结构示意图

图 3.11 典型的 NPN BJT 结构示意图

值得注意的是双极晶体管不是对称的,虽然从 NPN 和 PNP 名字结构上来看发射极和集电极是对称的,但是实际上无论从几何结构上还是掺杂浓度上它们都有很大的不同。图 3.12 给出了理想情况下均匀掺杂的 NPN 和 PNP 双极晶体管掺杂浓度分布示意图。NPN 双极晶体管发射区、基区和集电区的掺杂浓度量级分别为 10^{19} cm^{-3}、10^{15} cm^{-3} 和 10^{17} cm^{-3}。

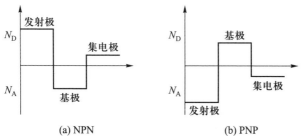

(a) NPN   (b) PNP

图 3.12 理想情况下均匀掺杂的 NPN 和 PNP 双极晶体管掺杂浓度分布示意图

3.2.2　工作模式

图 3.13 给出了 NPN 双极晶体管偏置电路和 5 种工作模式:
- 零偏状态:B-E 结电压和 B-C 结电压均为零。
- 正向有源状态:B-E 结电压为正,B-C 结电压为负。
- 反向有源状态:B-E 结电压为负,B-C 结电压为正。
- 饱和状态:B-E 结电压为正,B-C 结电压为正。
- 截止状态:B-E 结电压为负,B-C 结电压为负。

下面分别介绍上述 5 种情况下的双极晶体管器件的工作机理,包括 B-E 结和 B-C 结的耗尽区变化、能带示意图以及电子和空穴的流向等。

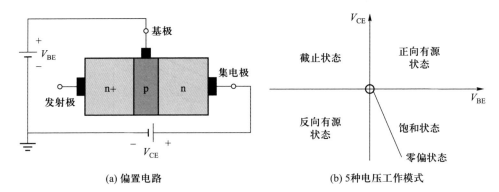

(a) 偏置电路　　　　　　　　(b) 5种电压工作模式

图 3.13　NPN 双极晶体管偏置电路和工作模式

1. 零偏状态

由于 B-E 结和 B-C 结均不加偏置电压,因此两个 PN 结均处于热平衡状态,整个半导体系统的费米能级处处相等,由于 P 区和 N 区之间导带和价带的位置随着费米能级的位置变化而变化,因此空间电荷区的能带发生弯曲。图 3.14 给出了零偏置电压下 NPN 双极晶体管能带分布示意图,其中 E_c 和 E_V 分别为导带和价带能带,E_F 为费米能级。

2. 正向有源状态

正向有源状态是指 B-E 结正向导通,而 B-C 结反向偏置,在这种状态下电子会越过 B-E 结从发射区注入基区,然后越过基区扩散到 B-C 结空间电荷区,那里的电场可以把电子扫入集电区中。为了将尽可能多的电子送入集电区而不被基区中的多子空穴复合,基区的掺杂浓度必须为轻掺杂而且宽度必须很小。图 3.15 给出了正向有源状态下 NPN 双极晶体管能带分布和电子流向示意图。

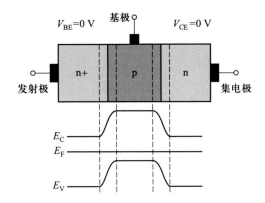

图 3.14 零偏置电压下 NPN 双极晶体管能带分布示意图

值得注意的是,在上述偏置状态下,集电极电流仅和注入的基极电流有关,而不随发射极和集电极电压变化而变化。

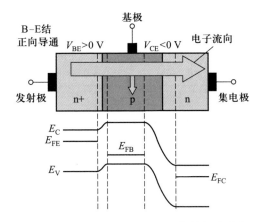

图 3.15 正向有源状态下 NPN 双极晶体管能带分布示意图

双极晶体管一个重要的概念是发射极注入效率。发射极注入效率的定义为发射区注入基区的电子流和发射区总电流(发射区少子空穴扩散电流和发射区注入基区的电子流之和)的比值,其表达式为

$$\eta = \frac{I_{nE}}{I_{nE} + I_{pE}} \approx \frac{1}{1 + \dfrac{N_B}{N_E} \cdot \dfrac{D_E}{D_B} \cdot \dfrac{W_B}{W_E}} \tag{3.7}$$

其中,I_{nE}　发射区注入基区的电子流;

I_{pE}　发射区少子空穴扩散电流;

N_B　基区掺杂浓度;

N_E　发射区掺杂浓度；

D_B　基区少子扩散系数；

D_E　发射区少子扩散系数；

W_B　基区宽度；

W_E　发射区宽度。

由公式(3.7)可以看出，为了提高发射极注入效率使其接近100%，和发射区相比，基区的掺杂浓度必须为轻掺杂而且宽度必须很小。

3. 饱和状态

当 B-E 结和 B-C 结均正向导通时，双极晶体管处于饱和状态，此时由于两个 PN 结的势垒都很小，电子可以很方便地自由流动。如果集电极和发射极之间的电压为零，即 $V_{CE}=0$，集电极基本没有电流；如果集电极和发射极之间的电压为正，即 $V_{CE}>0$，集电极电流将随着 V_{CE} 的增加而线性增加，这是因为由发射区经过基区注入集电区的电子远远高于由集电区经过基区注入发射区的电子。图3.16 给出了饱和状态下 NPN 双极晶体管能带分布示意图。

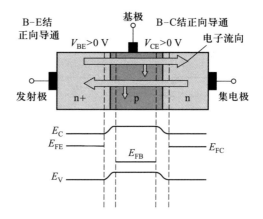

图 3.16　饱和状态下 NPN 双极晶体管能带分布示意图

4. 截止状态

当 B-E 结和 B-C 结均反向偏置时，双极晶体管处于截止状态，此时由于两个 PN 结的势垒和零偏置状态下相比都变大了很多，电子不能方便地自由流动，因此此时集电极无电流流过。图3.17 给出了截止状态下 NPN 双极晶体管能带分布示意图。

5. 反向有源状态

反向有源状态是指 B-C 结正向导通，而 B-E 结反向偏置，在这种状态下电

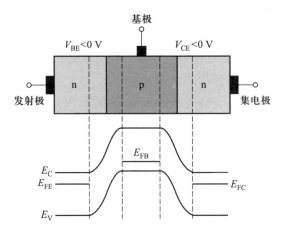

图 3.17 截止状态下 NPN 双极晶体管能带分布示意图

子会越过 B-C 结从集电区注入基区,然后越过基区扩散到 B-E 结空间电荷区,那里的电场可以把电子扫入发射区中。上述电子流向和正向有源状态完全相反,因此集电极电流流向发生改变。另外值得注意的是,通常 B-C 结面积比 B-E 结面积大很多,因此不是所有的电子均能被发射极收集。图 3.18 给出了反向有源状态下 NPN 双极晶体管能带分布示意图。

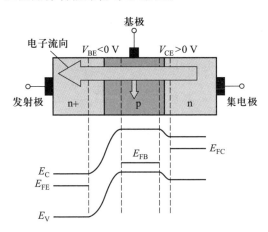

图 3.18 反向有源状态下 NPN 双极晶体管能带分布示意图

3.2.3 基区宽度调制效应

在分析双极晶体管基本特性时,通常基于下述假设:

（1）发射区、基区和集电区均为均匀掺杂；

（2）发射区、基区和集电区宽度固定；

（3）发射区、基区和集电区电流密度为均匀数值；

（4）基区电流为小电流注入。

但是上述假设常常在实际过程中不能都满足，因此会存在非理想效应。本章将介绍两个主要的非理想效应：基区宽度调制效应和大电流注入效应，大电流注入效应将在第 3.2.4 节介绍。

在正向有源状态下，B-E 结正向导通，B-C 结反向偏置。在这种情况下 B-E 结空间电荷区宽度很小，对基区宽度影响很小；而 B-C 结空间电荷区宽度比零偏置情况下大，随着 B-C 结反向电压的增加，其空间电荷区会扩展进入基区，使得基区有效宽度变小。因此，基区宽度并非固定值，而是会随着 B-C 结电压的变化而变化，这种现象称为基区宽度调制效应，也可以称为 Early 效应。基区宽度调制效应可以通过双极晶体管 I-V 曲线来观察。

从图 3.19 可以看到，NPN 双极晶体管 I-V 曲线存在明显的 Early 效应，在理想情况下，集电极电流和 B-C 结电压无关，因此集电极电流相对于集电极-发射极电压的斜率为零，即 $\dfrac{\mathrm{d}I_\mathrm{C}}{\mathrm{d}V_\mathrm{CE}} = 0$。而由于基区宽度调制效应的存在，集电极电流相对于集电极-发射极电压的斜率不再为零，如果将集电极电流曲线沿着斜率反向延长，则延长线会于横轴相交于一点，该点电压的绝对值称为 Early 电压。NPN 双极晶体管输出电导可以表示为

$$g_\mathrm{o} = \frac{\mathrm{d}I_\mathrm{C}}{\mathrm{d}V_\mathrm{CE}} = \frac{I_\mathrm{C}}{V_\mathrm{A} + V_\mathrm{CE}} \tag{3.8}$$

这里 V_A 为 Early 电压，典型数值为 $100 \sim 300$ V。

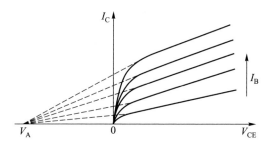

图 3.19　NPN 双极晶体管 I-V 曲线存在 Early 效应

3.2.4 大电流注入效应

双极晶体管两个重要的直流参数为共发射极电流增益和共基极电流增益。共发射极电流增益 β 定义为集电极电流和基极电流之比,共基极电流增益 α 定义为集电极电流和发射极电流之比,即

$$\beta = \frac{I_C}{I_B} \tag{3.9}$$

$$\alpha = \frac{I_C}{I_E} = \frac{\beta}{\beta + 1} \tag{3.10}$$

随着基区注入电流(B-E 结电压)的增加,发射区注入基区的电子显著增加,这样基区少子(电子)的浓度接近多子(空穴)浓度,甚至比多子浓度还要大。假设基区为电中性区,这样会导致 B-E 边界的空穴浓度增加,即发射区少子电流增加,使得发射极注入效率降低。因此在大注入情况下,共发射极电流增益 β 下降。图 3.20 给出了共发射极电流增益 β 随集电极电流变化曲线,在小注入情况下(Ⅰ区),基区-发射区空间电荷区复合电流的存在使得基极电流增加,而集电极电流却不受任何影响;在中注入情况下(Ⅱ区),β 基本保持不变;在大注入情况下(Ⅲ区),β 随着集电极电流的增加而下降。图 3.21 给出了集电极电流随 B-E 结电压变化曲线,可以看到在大注入情况下,集电极电流发生弯曲。

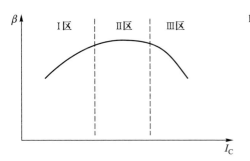

图 3.20 共发射极电流增益随集
电极电流变化曲线

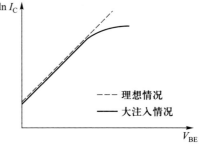

图 3.21 集电极电流随 B-E 结
电压变化曲线

3.3   异质结晶体管工作原理

为了保持较高的发射结注入效率,双极晶体管对基区和发射区的掺杂浓度和结构有严格的要求:

(1)发射区掺杂浓度在 3 个区中最高。

(2)基区要保持较低的掺杂浓度和较小的宽度。

但是值得注意的是,发射区高掺杂浓度会导致基极-发射极 PN 结的结电容增大,而低掺杂浓度的基区会导致较高的基区电阻,这两个因素均是限制双极晶体管工作频率的关键原因。

为了提高发射结注入效率和改善双极晶体管的工作频率特性,采用比基区更宽的带隙材料作为发射区是一个很好的选择。1948 年 Shockley 就此设想申请了美国专利,1957 年 Kroemer 详细阐述了这种晶体管的工作机制,但是由于工艺条件的限制,直到 1970 年异质结晶体管才进入实用阶段,主要得益于分子束外延(Molecular Beam Epitaxy, MBE)与金属有机气相沉积(Metal Organic Chemical Vapor Deposition, MOCVD)这两种新的外延技术的出现[3]。由于采用宽禁带材料作为发射极,HBT 在继承 BJT 优点的同时,在器件性能上有了质的飞跃:宽禁带的发射区可有效地阻挡基区空穴的反向注入,因此采用高掺杂的基区可以提高器件的频率特性。

很显然异质结双极晶体管的核心结构是异质结,即 PN 结由不同带隙的材料构成。下面将介绍半导体异质结工作原理及常用 HBT 器件的物理结构和工作机理。

3.3.1   半导体异质结工作原理

半导体异质结构是指随着位置不同而半导体材料具有不同化学成分的半导体结构,最简单的半导体异质结为单半导体异质结。单半导体异质结是指半导体结构中存在一个界面,界面两边的半导体材料具有不同的化学成分。一个理想的异质结具有以下特点:

(1)两种半导体材料具有相同的晶体结构和非常接近的晶格常数。

(2)两种半导体材料具有非常接近的温度系数,在温度变化时两种半导体材料伸缩一致。

（3）需要合理的半导体生长系统。

由于构成半导体异质结的两种半导体材料具有不同的禁带宽度,因此在界面能带会不连续,为了形成有用的异质结,两种半导体材料的晶格常数必须匹配,如果不匹配会引起界面处的缺陷。图 3.22 给出了 n 型窄带隙材料和 P 型宽带隙材料构成的 nP 异质结[4],可以看到,接触前,n 型窄带隙材料的导带和价带均位于宽带隙材料的导带和价带之间,两种半导体材料导带之间的能量差可以表示为

$$\Delta E_{\mathrm{C}} = q(\chi_{\mathrm{n}} - \chi_{\mathrm{P}}) \tag{3.11}$$

这里 q 为电子电荷, χ_{n} 和 χ_{P} 分别为 n 型窄带隙材料和 P 型宽带隙材料的电子亲和能。

两种半导体材料价带之间的能量差可以表示为

$$\Delta E_{\mathrm{V}} = (q\chi_{\mathrm{P}} + E_{\mathrm{gP}}) - (q\chi_{\mathrm{n}} + E_{\mathrm{gn}}) = \Delta E_{\mathrm{g}} - \Delta E_{\mathrm{C}} \tag{3.12}$$

这里 ΔE_{g} 为两种半导体材料带隙能量差: $\Delta E_{\mathrm{g}} = E_{\mathrm{gP}} - E_{\mathrm{gn}}$。

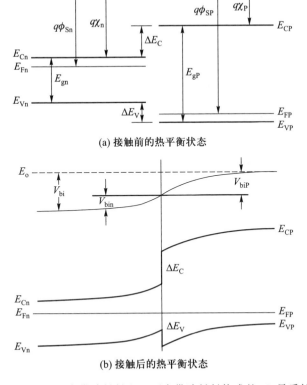

(a) 接触前的热平衡状态

(b) 接触后的热平衡状态

图 3.22 n 型窄带隙材料和 P 型宽带隙材料构成的 nP 异质结

一旦两种半导体材料接触形成异质结,能带将发生弯曲,图 3.22(b)给出了不同半导体材料接触后的热平衡状态,可以看到,费米能级在整个半导体系统中是一致的($E_{Fn} = E_{FP}$),真空能级 E_o 是连续的并且和导带及价带平行。

和同质结特性一样,异质结中也存在空间电荷区,其总的内建电势 V_{bi} 为两侧内建电势之和

$$V_{bi} = V_{bin} + V_{biP} \tag{3.13}$$

这里 V_{bin} 和 V_{biP} 分别为 n 型窄带隙材料和 P 型宽带隙材料的内建电势,计算公式分别为

$$V_{bin} = \frac{\varepsilon_P N_{aP} V_{bi}}{\varepsilon_n N_{dn} + \varepsilon_P N_{aP}} \tag{3.14}$$

$$V_{biP} = \frac{\varepsilon_n N_{dn} V_{bi}}{\varepsilon_n N_{dn} + \varepsilon_P N_{aP}} \tag{3.15}$$

n 型窄带隙材料和 P 型宽带隙材料的耗尽区宽度分别为

$$x_n = \sqrt{\frac{2\varepsilon_n \varepsilon_P N_{aP} V_{bi}}{q N_{dn}(\varepsilon_n N_{dn} + \varepsilon_P N_{aP})}} \tag{3.16}$$

$$x_P = \sqrt{\frac{2\varepsilon_n \varepsilon_P N_{dn} V_{bi}}{q N_{aP}(\varepsilon_n N_{dn} + \varepsilon_P N_{aP})}} \tag{3.17}$$

公式(3.14)~公式(3.17)中,ε_n 和 ε_P 分别为 n 型窄带隙材料和 P 型宽带隙材料的介电常数,N_{dn} 和 N_{aP} 分别为相应的掺杂浓度。

图 3.23 给出了 N 型宽带隙材料(如 GaAs)和 p 型窄带隙材料(如 AlGaAs)构成的 Np 异质结。

从 nP 和 Np 两种不同类型的异质结能带图可以看到一个与同质结明显不同的特点,那就是电子和空穴势垒高度不同。对于同质结来说,电子和空穴势垒高度是相同的,电子和空穴电流的相对数值由掺杂浓度决定,相差不会很大。而在异质结中,由于电子和空穴势垒高度相差较大,电子电流和空穴电流相差好几个数量级。对于 nP 异质结,很显然电子电流小于空穴电流;而对于 Np 异质结,很显然空穴电流小于电子电流。值得注意的是,如果电子和空穴势垒高度相差 0.2V,则电子电流和空穴电流将相差 4 个数量级。

最常用的Ⅲ-Ⅴ半导体异质结材料包括以下组合:

(1) GaAs 和 AlGaAs;

(2) GaAs 和 InGaP;

(3) InP 和 InGaAs;

(4) Si 和 SiGe。

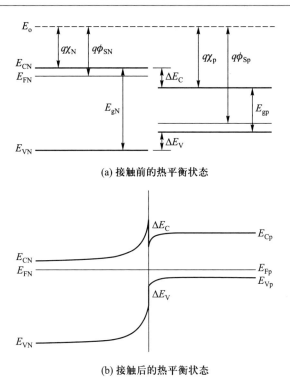

(a) 接触前的热平衡状态

(b) 接触后的热平衡状态

图 3.23 N 型宽带隙材料和 p 型窄带隙材料构成的 Np 异质结

图 3.24 给出了Ⅲ-Ⅴ族化合物半导体带隙和晶格常数关系[5]，从中可以看到两个常用的材料体系 GaAs 和 InP 以及和它们晶格相匹配的化合物。

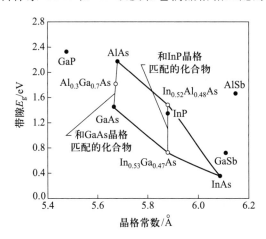

图 3.24 Ⅲ-Ⅴ族化合物半导体带隙和晶格常数关系图

表 3.1 给出了三种常用的半导体异质结组合以及它们的导带能量差、价带

能量差和带隙能量差,显然价带能量差和导带能量差的比值 $\Delta E_{\mathrm{V}}/\Delta E_{\mathrm{C}}$ 越大表明空穴势垒越大,其相应的电流比电子电流小得越多。

表 3.1　常用的半导体异质结组合

异质结	$\Delta E_{\mathrm{C}}/\mathrm{eV}$	$\Delta E_{\mathrm{V}}/\mathrm{eV}$	$\Delta E_{\mathrm{g}}/\mathrm{eV}$	$\Delta E_{\mathrm{V}}/\Delta E_{\mathrm{C}}$
$\mathrm{Al}_{0.3}\mathrm{Ga}_{0.7}\mathrm{As}/\mathrm{GaAs}$	0.24	0.13	0.37	0.54
$\mathrm{In}_{0.52}\mathrm{Al}_{0.48}/\mathrm{InP}$	0.19	0.29	0.48	1.53
$\mathrm{InP}/\mathrm{In}_{0.53}\mathrm{Ga}_{0.47}\mathrm{As}$	0.25	0.34	0.59	1.36

3.3.2　常用 HBT 器件的物理结构和工作机理

虽然 BJT 为电子电路设计提供了有效的可低成本大批量生产的方案,尤其是 4 GHz 以下的射频电路如功率放大器、低噪声放大器和振荡器等,但是由于其微波匹配网络尺寸较大,通常用作分离器件在印刷电路板上制作电路。HBT 作为 BJT 的改进版,具有如下优势:

(1) 高载流子注入效率。由于基极-发射极能带间隙不同,降低了少数载流子在空间电荷区域的复合,共发射极电流增益将提高。

(2) 基区可以高掺杂,发射区低掺杂。由于基极-发射极能带不连续,发射区可以掺杂较低以降低基极-发射极 PN 结电容,基区可以掺杂较高,以降低基区接触电阻和方块电阻,而对电流增益不产生任何影响。

(3) 特征频率高。由于电阻和电容的降低会降低电流的时间延迟,使得器件工作速度显著提高,工作频率随之提高。

表 3.2 对 MESFET、HEMT 和 HBT 的多种特性进行了比较[6]。可以看到,HBT 具有很好的阈值均匀性、最低的相位噪声以及较高的跨导/输出电导,但是噪声系数较其他器件高。

下面介绍微波射频电路设计中常用的由不同材料制作的 HBT 器件的工作原理以及在微波射频电路中的应用水平,主要介绍 GaAs HBT 和 InP HBT。

表 3.2　MESFET、HEMT 和 HBT 特性比较

特性指标	MESFET	HEMT	HBT
特征频率	中等	高	高
最大振荡频率	中等	高	高

续表

特性指标	MESFET	HEMT	HBT
增益带宽积	中等	高	高
噪声系数	中等	低	高
相位噪声	中等	高	低
跨导/输出电导	低	中等	高
阈值均匀性	中等	好	很好

1. GaAs HBT

图 3.25 给出了 Si 和 GaAs 速率电场曲线[5]。可以看到,与 Si 相比,在相同的电场强度情况下 GaAs 的载流子具有更高的速率,尤其在不掺杂材料的低电场电子迁移率大概是相同情况下 Si 材料的 7 倍,GaAs 器件的特征频率远远高于 Si 器件。

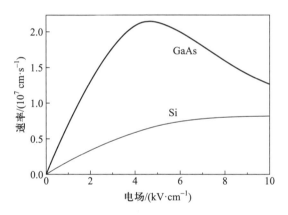

图 3.25 Si 和 GaAs 速率电场曲线

在化合物半导体器件中,GaAs HBT 技术被广泛接受,主要依据是 GaAs 器件可以达到以下性能:

(1) 线性度高;

(2) 功率附加效率高;

(3) 相位噪声低;

(4) 可靠性高;

(5) 制作成本相对较低,和 InP 器件相比成本相对便宜;

(6) 单电源供电,和 FET 双电源供电相比,在电路设计方面具有较大的优越性,版图设计相对简单;

（7）灵活性强,针对高速和高击穿电压等应用不同,集电极厚度可以进行相应调整,较厚的集电极可以增强击穿电压,而较薄的集电极可以缩短载流子渡越时间。

目前最常用的两类材料系统是 AlGaAs/GaAs HBT 和 InGaP/GaAs HBT。

图 3.26 给出了一个典型的 Npn AlGaAs/GaAs HBT 能带示意图,这是一个单异质结 HBT,发射区材料为 AlGaAs,基区和集电区材料均为 GaAs,基极–发射极 PN 结为异质结,基极–集电极为同质结。图 3.26（a）为不同半导体材料接触后的热平衡状态,可以看到费米能级在整个半导体系统中是一致的（$E_{Fn} = E_{Fp} = E_{FN}$）。当两种半导体材料接触形成异质结或者同质结时,能带将会发生弯曲。图 3.26（b）给出了 Npn AlGaAs/GaAs HBT 器件在正向有源状态下的能带曲线示意图,由于基极–发射极正向偏置导致相应的电子和空穴势垒下降,显然基极–发射极电子电流比反向注入的空穴电流大得多,而基极–集电极则是一个普通的 PN 结。由于发射极采用宽带隙材料构成异质结,基区、发射区和集电区的掺杂浓度不再像 BJT 那样相互依赖。图 3.27 给出了 Si BJT 和 AlGaAs/GaAs HBT 器件基区、发射区和集电区掺杂浓度和深度关系曲线[5],可以看到 HBT 器件基区可以掺杂浓度很高,基区方块电阻可以低到 100 Ω/方块。HBT 发射极电

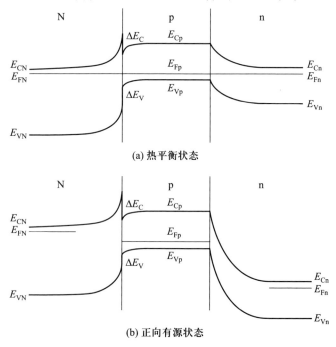

(a) 热平衡状态

(b) 正向有源状态

图 3.26　Npn AlGaAs/GaAs HBT 能带示意图

子电流 J_n 和空穴电流 J_p 之比可以表示为

$$\gamma_e = \frac{J_n}{J_p} = \frac{D_n}{D_p} \cdot \frac{n_e}{p_b} \cdot \frac{w_e}{w_b} \exp(\Delta E_g / kT) \qquad (3.18)$$

这里 D_n 和 D_p 分别为电子和空穴的扩散系数，n_e 和 p_b 分别为发射区和基区的掺杂浓度，w_e 和 w_b 分别为发射区和基区的宽度。

由公式(3.18)可以看出，如果基区和发射区材料能带隙相差 $8kT$，则基区和发射区掺杂浓度之比可以高达 3000。因此对于 HBT 器件，基区掺杂可以高达 $10^{20}\ \mathrm{cm}^{-3}$，比 BJT 器件基区掺杂浓度高 100 倍。

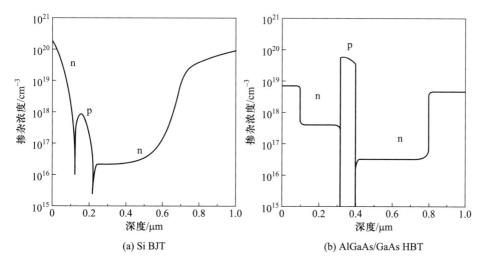

图 3.27　器件基区、发射区和集电区掺杂浓度和深度关系曲线

BJT 由于基区掺杂浓度较低，因此有较低的 Early 电压以及较大的输出电导，同时在较大的反向偏置电压情况下，基区有全部耗尽的可能。而 HBT 的基区掺杂浓度可以很高，可以获得很高的 Early 电压(几百伏特)和较小的输出电导，因此相应的电压增益远远高于 BJT。图 3.28 给出了 BJT 和 HBT 的 DC 特性比较[7,8]，可以看到在线性区，HBT 集电极电流基本不变，而 BJT 变化较大；HBT 在饱和区有一个缓慢增长，导致集电极-发射极电压有一个小的偏移(小于 0.5 V)，而 BJT 上升很快。

图 3.29 给出了 BJT 和 HBT 正向 Gummel 特性比较，可以看到，BJT 的基极-发射极工作电压在 Si 材料 PN 结内建电势在 0.8 V 左右，而 HBT 基极-发射极工作电压在 GaAs 材料 PN 结内建电势在 1.2 V 左右，HBT 在电压低端电流增益明显下降，而 BJT 在电压高端电流增益有下降趋势。图 3.30 给出了 BJT 和 HBT 特征频率特性比较，很显然 BJT 特征频率远低于 HBT 特征频率。

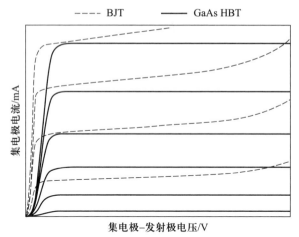

图 3.28　BJT 和 HBT 的 DC 特性比较

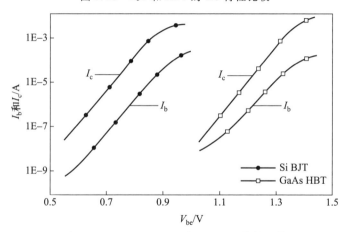

图 3.29　BJT 和 HBT 正向 Gummel 特性比较

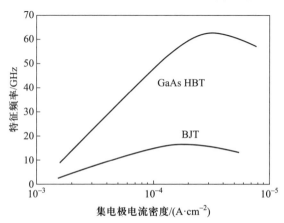

图 3.30　BJT 和 HBT 特征频率特性比较

2. InP HBT

InP 材料的研究历史和 GaAs 材料的研究历史一样长,在过去的几十年里,InP 材料广泛应用于高速光电集成电路。研究结果表明,采用 InP 材料可以制作出速度更快的晶体管,InP 材料以其优越的本征电子特性成为取代 GaAs 的最佳选择。目前主要的问题在于难以获得较大的 InP 材料晶圆。

与 GaAs 相比,InP 和相应的化合物具有以下优势[9]:

- 低的表面复合速率
- 较高的热电导率
- 超好的电子传输速率

图 3.31 给出了 InP 和 InGaAs 材料速率电场曲线。和 GaAs 相比,InP 和 In-GaAs 材料的饱和速率要高得多。相应的 InP HBT 器件与 GaAs HBT 器件相比有如下优点:

- 由小的电子质量引起的高电子迁移率
- 较低的基极-发射极开关电压
- 更好的散热性能
- 更高的工作频率

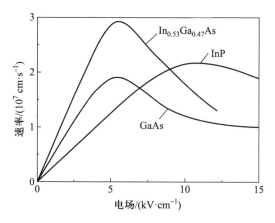

图 3.31 InP 和 InGaAs 材料速率电场曲线

图 3.32 给出了工作在正向有源区的 InP 基单异质结和双异质结 HBT 的能带示意图,图中 J_n 为发射极注入基极的电子电流,J_p 为基极注入发射极的空穴电流,J_r 为 B-E 结耗尽区的复合电流,J_{rb} 为基区复合电流。可以看到,基极和发射极之间的电压 V_{be} 决定了基区费米能级和发射区费米能级之差,而基极和集电极之间的电压 V_{bc} 决定了基区费米能级和集电极费米能级之差。在单异质结器

件中,窄带隙集电区 InGaAs 中具有较高的碰撞电离速率,导致器件具有较高的输出电导和较低的击穿电压,器件特性受到影响,而采用双异质结器件可以改善上述限制。图 3.33 给出了 InP 基 HBT 横截面示意图。

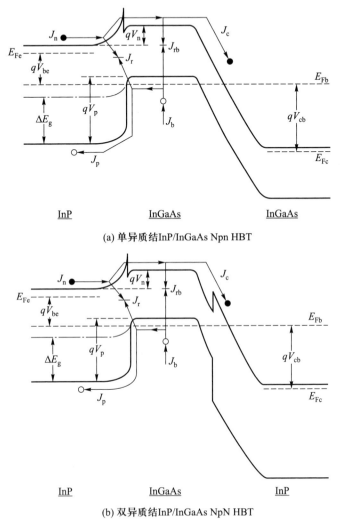

(a) 单异质结InP/InGaAs Npn HBT

(b) 双异质结InP/InGaAs NpN HBT

图 3.32　InP 基 HBT 能带图(正向有源区)

　　对于用于 40 Gb/s 以上光纤通信传输系统的外驱动电路来说,频率要求至少为 30 GHz,宽带高电压输出是外驱动电路的主要设计指标之一。图 3.34 给出了一个典型的基于直耦放大器设计的 40 Gb/s 外调制驱动电路设计原理图和 S 参数测试结果[10]。可以看到,采用 InP HBT 缓冲和差分电路构成的光驱动频

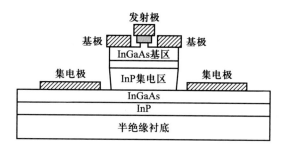

图 3.33 InP 基 HBT 横截面示意图

率可以接近 40 GHz,端口反射系数低于 -10 dB。另外对于超宽带设计来说,分布式放大器是一个很好的选择,但是由于分布式放大器的增益有限,因此需要一个预驱动电路,可以得到超宽带和高电压输出。图 3.35 给出了基于分布式放大

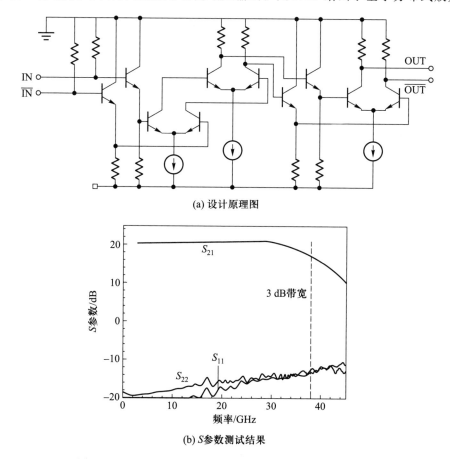

(a) 设计原理图

(b) S 参数测试结果

图 3.34 基于直耦放大器设计的 40 Gb/s 外调制驱动电路

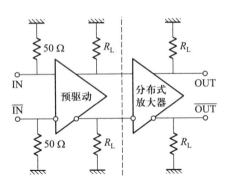

图 3.35　基于分布式放大器设计的 40 Gb/s~80Gb/s 外调制驱动电路设计原理图

器设计的 40 Gb/s~80 Gb/s 外调制驱动电路设计原理图,表 3.3 给出了基于 InP HBT 分布式外调制驱动电路研制结果比较。

表 3.3　基于 InP HBT 分布式外调制驱动电路研制结果比较

特征频率 /GHz	调制速率 /(Gb · s^{-1})	驱动电压 /V	上升/下降 时间/ps	文献
160	40	3.0	8.6	[10]
200	40	5.1	—	[11]
200	80	2.6	—	[12]
150	40	11.3	8	[13]

3.4　本章小结

　　本章首先介绍了 PN 结二极管的工作原理,并以此为基础介绍了双极晶体管的工作原理;其次,异质结双极晶体管的核心结构是异质结,因此接着介绍了半导体异质结的工作原理;最后介绍了常用的 GaAs 基 HBT 和 InP 基 HBT 器件的工作原理以及在微波射频电路中的应用。

参考文献

[1]　Ludwig R,Bretchko P. RF Circuit Design:Theory and Applications[M]. Albuquerque:

Person Education,2002.

[2]   Neamen D A. Semiconductor Physics and Devices:Basic Principles[M]. New York:McGraw-Hill,2003.

[3]   Kroemer H. Hetero structure bipolar transistor and integrated circuit[J]. Proceedings of the IEEE,1982,70(1):13-25.

[4]   Neamen D A. Semiconductor Physics and Devices:Basic Principles[M]. New York:McGraw-Hill,2003.

[5]   Asbeck P M,Chang M C,Wang K C,et al. GaAs-based heterojunction bipolar transistors for very high performance electronic circuits[J]. Proceedings of the IEEE,2002,81(12): 1709-1726.

[6]   Feng M,Shen S C,Caruth D C,et al. Device technologies for RF front-end circuits in next-generation wireless communications[J]. Proceedings of the IEEE,2004,92(2):354-375.

[7]   Oyama B K,Wong B P. GaAs HBT's for analog circuits[J]. Proceedings of the IEEE,1993, 81(12):1744-1761.

[8]   Stiglitz M R,Blanchard C. HEMTs and HBTs:Devices,Fabrication and Circuits[M]. Washington,DC:Artech House,1991.

[9]   Wang H. Studies on InP-based heterojunction bipolar transistors (HBTs) for MMIC applications[D]. Singapore:Nanyang Technical University,2001.

[10]   Baeyens Y,Georgiou G,Weiner J,et al. InP D-HBT ICs for 40-Gb/s and higher bitrate lightwave transceivers[J]. IEEE Journal of Solid-State Circuit,2002,37(9):1152-1159.

[11]   Krishnamurthy K,Vetury R,Jian X,et al. 40 Gb/s TDM system using InP HBT IC technology[C]. International Microwave Symposium Digest. IEEE,2003:1189-1192.

[12]   Schneider K,Driad R,Makon R E,et al. Comparison of InP/InGaAs DHBT distributed amplifiers as modulator drivers for 80-Gbit/s operation[J]. IEEE Transactions on Microwave Theory & Techniques,2005,53(11):3378-3387.

[13]   Baeyens Y,Weimann N,Roux P,et al. High gain-bandwidth differential distributed InP D-HBT driver amplifiers with large (11.3 VDD) output swing at 40 Gb/s[J]. IEEE Journal of Solid-State Circuits,2004,39(10):1697-1705.

第4章 寄生元件提取方法

一个完整的 HBT 器件模型主要由本征和寄生两部分组成,器件的本征部分通过基本的电路元件来模拟实际的物理特性,而寄生部分主要源自测试过程中测试结构带来的影响。在片测试系统将测试设备与芯片上的焊盘(PAD)和被测器件通过金属互连线连接,直接在晶圆上测量半导体器件的 DC 与 RF 特性。但是随着频率的升高,PAD 与金属互连线间的寄生效应将会对测试结果产生不可忽略的影响,所以分析寄生元件去嵌对 S 参数的影响以及寄生元件提取方法的研究是构建一个高精度模型的关键。只有削去寄生元件的影响,才能开展对 HBT 器件线性、非线性以及噪声模型的研究。

本章将介绍 HBT 在片模型中的寄生元件提取方法,主要包括 PAD 电容提取方法、寄生电感提取方法以及寄生电阻提取方法。

4.1 HBT 器件寄生元件网络

焊盘是指为了利用微波射频测试仪器设备对器件特性进行测试而在芯片上设计的和同轴波导线连接的共面波导结构,由输入信号、输出信号和地线构成,HBT 器件在片测试结构示意图如图 4.1(a)所示;相应的等效电路模型如图 4.1(b)所示,其中 C_{pb} 表示输入信号(基极)焊盘对地电容,C_{pc} 表示输出信号(集电极)焊盘对地电容,C_{pbc} 表示输入信号焊盘和输出信号焊盘之间的电容;R_{bx}、R_c 和 R_e 分别为基极、集电极和发射极欧姆接触电阻;L_b、L_c 和 L_e 分别为基极、集电极和发射极引线电感。

HBT 器件小信号等效电路模型的导纳 Y 矩阵可以表示为

$$Y = Y_{PAD} + \left[Z_{RL} + Z_D \right]^{-1} \tag{4.1}$$

其中,Z_D 为 HBT 器件阻抗参数,Y_{PAD} 表示 PAD 电容导纳矩阵:

$$\boldsymbol{Y}_{\mathrm{PAD}} = \begin{bmatrix} \mathrm{j}\omega(C_{\mathrm{pb}} + C_{\mathrm{pbc}}) & -\mathrm{j}\omega C_{\mathrm{pbc}} \\ -\mathrm{j}\omega C_{\mathrm{pbc}} & \mathrm{j}\omega(C_{\mathrm{pc}} + C_{\mathrm{pbc}}) \end{bmatrix} \qquad (4.2)$$

$\boldsymbol{Z}_{\mathrm{RL}}$ 表示寄生电感和外部串联网络寄生电阻矩阵:

$$\boldsymbol{Z}_{\mathrm{RL}} = \begin{bmatrix} R_{\mathrm{bx}} + R_{\mathrm{e}} + \mathrm{j}\omega(L_{\mathrm{b}} + L_{\mathrm{e}}) & R_{\mathrm{e}} + \mathrm{j}\omega L_{\mathrm{e}} \\ R_{\mathrm{e}} + \mathrm{j}\omega L_{\mathrm{e}} & R_{\mathrm{c}} + R_{\mathrm{e}} + \mathrm{j}\omega(L_{\mathrm{c}} + L_{\mathrm{e}}) \end{bmatrix} \qquad (4.3)$$

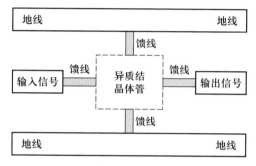

(a) 在片测试结构示意图

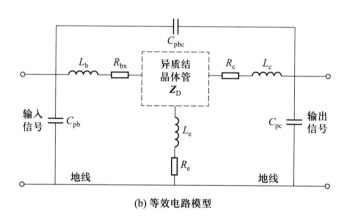

(b) 等效电路模型

图 4.1 HBT 器件在片测试结构示意图和等效电路模型[1]

4.2 PAD 电容提取方法

4.2.1 开路测试结构提取方法

图 4.2 给出了开路测试结构以及对应的等效电路模型示意图[2]，其中寄生

电容 C_{pb}、C_{pc} 和 C_{pbc} 可以由测量开路测试结构的 S 参数直接计算得到[3]，主要计算步骤如下：

（1）将测量得到的 S 参数转换为 Y 参数：

$$Y_{11} = Y_{\circ} \frac{(1 - S_{11})(1 + S_{22}) + S_{12}S_{21}}{(1 + S_{11})(1 + S_{22}) - S_{12}S_{21}} \tag{4.4}$$

$$Y_{12} = Y_{\circ} \frac{-2S_{12}}{(1 + S_{11})(1 + S_{22}) - S_{12}S_{21}} \tag{4.5}$$

$$Y_{21} = Y_{\circ} \frac{-2S_{21}}{(1 + S_{11})(1 + S_{22}) - S_{12}S_{21}} \tag{4.6}$$

$$Y_{22} = Y_{\circ} \frac{(1 + S_{11})(1 - S_{22}) + S_{12}S_{21}}{(1 + S_{11})(1 + S_{22}) - S_{12}S_{21}} \tag{4.7}$$

（2）通过转换得到的 Y 参数，可以得到 PAD 电容计算表达式：

$$C_{\mathrm{pb}} = \frac{1}{\omega}\mathrm{Im}(Y_{11} + Y_{12}) \tag{4.8}$$

$$C_{\mathrm{pc}} = \frac{1}{\omega}\mathrm{Im}(Y_{22} + Y_{12}) \tag{4.9}$$

$$C_{\mathrm{pbc}} = -\frac{1}{\omega}\mathrm{Im}(Y_{12}) = -\frac{1}{\omega}\mathrm{Im}(Y_{21}) \tag{4.10}$$

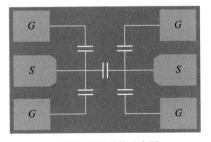

(a) 开路测试结构示意图

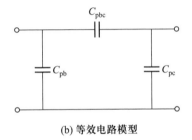

(b) 等效电路模型

图 4.2　开路测试结构示意图和对应的等效电路模型

图 4.3 给出了 PAD 电容提取值随频率变化曲线,可以看到在 40 GHz 频率范围内,电容的提取值随着频率的波动很小,正负误差均在 5% 以内,呈现常数特性,说明 PAD 和频率无关,和偏置电压也没有关系。由此可以提取出对应的 C_{pb}、C_{pc} 和 C_{pbc} 电容值,分别是 12.5 fF、11.0 fF 和 2.4 fF。图 4.4 给出了输入反射系数 S_{11}、输出反射系数 S_{22} 和传输系数 S_{21} 模拟结果和测试结果的比较,可以看到模拟结果和测试结果吻合得很好。值得注意的是,传输系数在高频范围的测试结果离散性较大,但是由于幅度相对输入反射系数及输出反射系数很小,因此绝对误差很小。

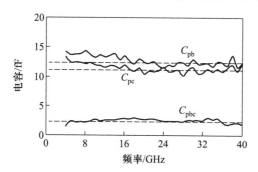

图 4.3 PAD 电容提取值随频率变化曲线

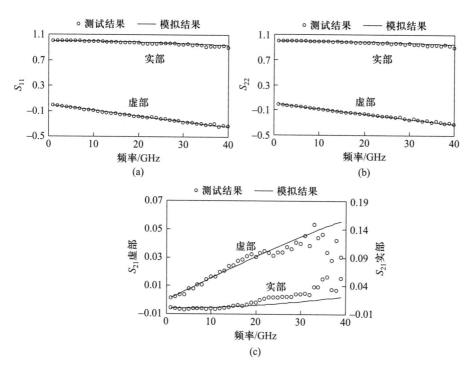

图 4.4 输入反射系数、输出反射系数和传输系数模拟结果和测试结果比较

4.2.2 截止状态提取方法

除了利用测试结构可以获得 PAD 电容以外,还可以利用截止条件下的低频 S 参数测试来获得 PAD 电容。下面介绍截止状态提取技术并和测试结构方法进行比较。图 4.5 给出了 HBT 截止条件下低频等效电路模型,寄生电阻和电感被忽略,有源区域由 3 个电容构成,电容和 Y 参数之间的关系为

$$C_{\text{pb}} + C_{\text{be}} = \frac{1}{\omega}\text{Im}(Y_{11} + Y_{12}) \tag{4.11}$$

$$C_{\text{pc}} = \frac{1}{\omega}\text{Im}(Y_{22} + Y_{12}) \tag{4.12}$$

$$C_{\text{pbc}} + C_{\text{ex}} + C_{\text{bc}} = -\frac{1}{\omega}\text{Im}(Y_{12}) \tag{4.13}$$

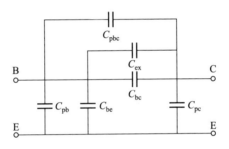

图 4.5 HBT 截止条件下低频等效电路模型

从上述公式可以看到,集电极 PAD 电容可以直接确定,而其他两个 PAD 电容无法直接获得,因此需要优化拟合。利用 B-E 结电容和结电压之间的关系:

$$C_{\text{be}} = \frac{C_{\text{jbeo}}}{(1 - V_{\text{BE}}/V_{\text{bi}})^{M_{\text{BE}}}} \tag{4.14}$$

通过测试不同 B-E 结电压情况下的 S 参数,可以获得 $C_{\text{pb}} + C_{\text{be}}$ 随 B-E 结电压变化曲线,利用优化拟合可以获得 C_{pb} 的数值。同理利用 B-C 结电容和结电压之间的关系:

$$C_{\text{bc}} = \frac{C_{\text{jbco}}}{(1 - V_{\text{BC}}/V_{\text{bi}})^{M_{\text{BC}}}} \tag{4.15}$$

通过测试不同 B-C 结电压情况下的 S 参数,可以获得 $C_{\text{pbc}} + C_{\text{ex}} + C_{\text{bc}}$ 随 B-C 结电压变化曲线,利用优化拟合可以获得 C_{pbc} 的数值[4-9]。

但是值得注意的是,利用优化拟合往往无法获得全局最小点,会导致多值现象。图 4.6 给出了典型的 $C_{pb}+C_{be}$ 随偏置变化曲线,实验证明有无数组解,即基极 PAD 电容无法被准确确定。

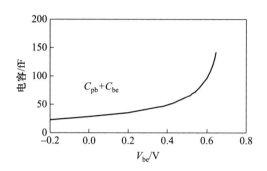

图 4.6 典型的 $C_{pb}+C_{be}$ 随偏置变化曲线

由以上分析可以知道,利用截止条件下低频 S 参数测试来获得 PAD 电容虽然可以不制作测试结构,节约芯片面积,但是提取的基极和集电极 PAD 电容不唯一,因此精度不高。

4.2.3 考虑分布效应的提取方法

随着工艺的发展,器件的工作频段越来越高,采用分布寄生网络势在必行。图 4.7 给出了考虑基极和集电极馈线分布效应的 HBT 器件等效电路模型,可以看到基极和集电极寄生电容 C_{pb} 和 C_{pc} 被分成了两个大小相同的电容,并分别放置在基极和集电极寄生电感 L_b 和 L_c 两侧。由于与基极和集电极 PAD 电容相比,耦合电容非常小(在 $1\sim2fF$ 的范围内),所以可以忽略不计。

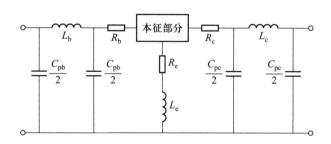

图 4.7 HBT 器件分布效应等效电路模型

图 4.8 给出了截止条件下 HBT 器件的小信号等效电路模型以及低频时的

简化模型。在频率较低时,电容在电路中起主导作用,即频率越低,电容的容抗值就越高,此时在等效电路中电容所呈现的阻抗远大于寄生电感和电阻所呈现的阻抗,所以电阻和电感的影响可以忽略,得到低频时的简化模型。简化模型中 Y 参数的虚部可以写为[10]

$$\frac{\mathrm{Im}(Y_{11})}{\omega} = C_{\mathrm{pb}} + C_{\mathrm{bep}} + C_{\mathrm{bcp}} + C_{\mathrm{exp}} \tag{4.16}$$

$$\frac{\mathrm{Im}(Y_{22})}{\omega} = C_{\mathrm{pc}} + C_{\mathrm{bcp}} + C_{\mathrm{exp}} \tag{4.17}$$

$$-\frac{\mathrm{Im}(Y_{12})}{\omega} = C_{\mathrm{bcp}} + C_{\mathrm{exp}} \tag{4.18}$$

其中,C_{exp} 表示截止条件下基极–集电极寄生电容,C_{bep} 表示截止条件下基极–发射极本征电容,C_{bcp} 表示截止条件下基极–集电极本征电容。

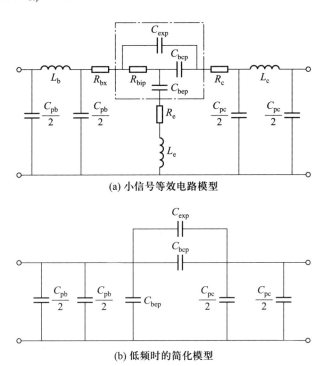

(a) 小信号等效电路模型

(b) 低频时的简化模型

图 4.8　截止条件下 HBT 器件的小信号等效电路模型及低频时的简化模型

截止状态下本征电容的缩放公式可写为[11-17]

$$C_{\mathrm{bep}}(A_{\mathrm{E}}) = C_{\mathrm{beo}}A_{\mathrm{E}} \tag{4.19}$$

其中,C_{beo} 表示比例因子,A_{E} 表示 HBT 器件的发射极面积。

将公式(4.19)代入公式(4.16)~公式(4.18),可以得到

$$\frac{\text{Im}(Y_{11} + Y_{12})}{\omega} = C_{\text{pb}} + A_{\text{E}} C_{\text{beo}} \tag{4.20}$$

从上述公式可以看出,假设器件发射极宽度无限趋于零,此时通过 $\text{Im}(Y_{11} + Y_{12})/\omega$ 随着发射极面积 A_{E} 的变化曲线的截距可以得到基极寄生电容 C_{pb} 的值,即

$$C_{\text{pb}} = \frac{\text{Im}(Y_{11} + Y_{12})}{\omega} \bigg|_{A_{\text{E}} \to 0} \tag{4.21}$$

将公式(4.17)和公式(4.18)相加,可以计算得到集电极寄生电容 C_{pc} 的表达式:

$$C_{\text{pc}} = \frac{\text{Im}(Y_{22} + Y_{12})}{\omega} \tag{4.22}$$

为了更好地验证所提出模型的正确性,这里选用了工艺相同但发射极面积不同的 3 种 GaAs HBT 器件,其发射极指数与发射极面积参数分别是:3×12 μm^2、2×20 μm^2 和 3×40 μm^2(发射极宽度×发射极长度)。图 4.9 给出了零偏条件下 $\text{Im}(Y_{11} + Y_{12})/\omega$ 随频率的变化曲线,可以看出对于 3 种不同发射面积的 GaAs HBT 器件,$\text{Im}(Y_{11} + Y_{12})/\omega$ 几乎不随频率的变化而变化,由此可以提取出不同发射极面积(36 μm^2、40 μm^2 和 120 μm^2)所对应的 $\text{Im}(Y_{11} + Y_{12})/\omega$ 数值。

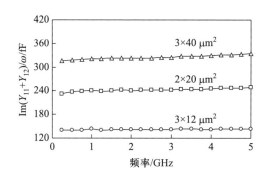

图 4.9 零偏条件下 $\text{Im}(Y_{11} + Y_{12})/\omega$ 随频率变化曲线

图 4.10 给出了零偏条件下 $\text{Im}(Y_{11} + Y_{12})/\omega$ 随发射极面积 A_{E} 的变化曲线,可以看出基极-发射极本征电容 C_{bep} 符合缩放规则。图 4.11 给出了零偏条件下 $\text{Im}(Y_{22} + Y_{12})/\omega$ 随发射极面积 A_{E} 变化曲线,可以看出集电极寄生电容 C_{pc} 的数值是一个常数,与发射极面积 A_{E} 无关。

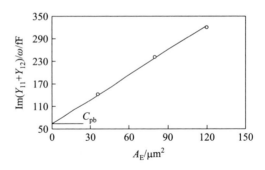

图 4.10　零偏条件下 $\mathrm{Im}(Y_{11}+Y_{12})/\omega$ 随发射极面积 A_E 变化曲线

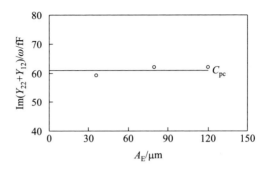

图 4.11　零偏条件下 $\mathrm{Im}(Y_{22}+Y_{12})/\omega$ 随发射极面积 A_E 变化曲线

图 4.12 给出了零偏条件下 $3\times12\ \mu\mathrm{m}^2$、$3\times40\ \mu\mathrm{m}^2$ 和 $2\times20\ \mu\mathrm{m}^2\mathrm{GaAs\ HBT}$ 器件模拟数据与测试数据的 S 参数对比曲线,可以看出模拟结果与测试结果吻合得很好,验证了模型以及寄生电容提取方法的正确性。

图 4.13 给出了 $0.1\ \mathrm{GHz}\sim40\mathrm{GHz}$ 频率范围内,在 $I_\mathrm{b}=100\ \mu\mathrm{A}$,$V_\mathrm{ce}=3\ \mathrm{V}$ 偏置条件下,$\mathrm{GaAs\ HBT}$ 器件模拟 S 参数与测试 S 参数对比曲线,可以发现模拟 S 参数和测试 S 参数吻合得很好。值得注意的是,由于 S_{12} 的幅度远小于 S_{11}、S_{22} 和 S_{21},为了在图 4.13 中清楚地给出 S_{12} 的变化曲线,将其在原有的基础上放大了 8 倍。

图 4.14 给出了 $3\times12\ \mu\mathrm{m}^2\mathrm{GaAs\ HBT}$ 器件在 $I_\mathrm{b}=100\ \mu\mathrm{A}$,$V_\mathrm{ce}=3\ \mathrm{V}$ 偏置条件下精度随频率的变化曲线,可以看到在高频条件下所提出模型的精度高于传统模型,尤其是当频率超过 20 GHz 时,所提出模型 S_{11}、S_{12} 和 S_{22} 的精度有明显改善,其中 S_{11} 和 S_{22} 误差小于 8%,S_{21} 误差小于 12%,S_{12} 误差小于 4%。

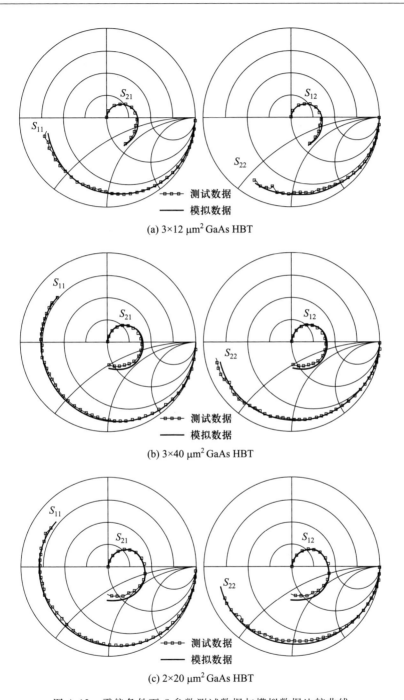

(a) 3×12 μm² GaAs HBT

(b) 3×40 μm² GaAs HBT

(c) 2×20 μm² GaAs HBT

图 4.12 零偏条件下 S 参数测试数据与模拟数据比较曲线

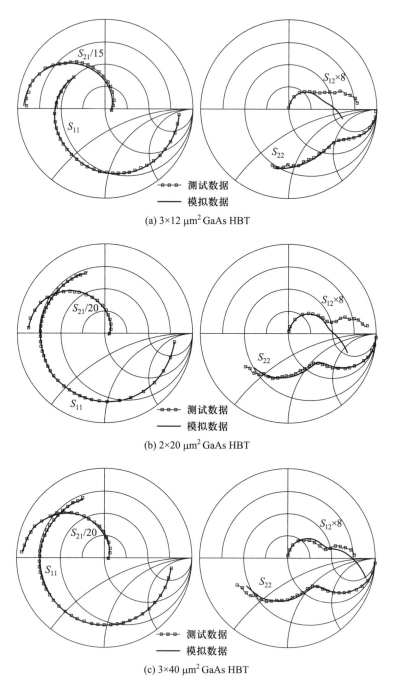

(a) 3×12 μm² GaAs HBT

(b) 2×20 μm² GaAs HBT

(c) 3×40 μm² GaAs HBT

图 4.13　S 参数模拟数据与测试数据对比曲线

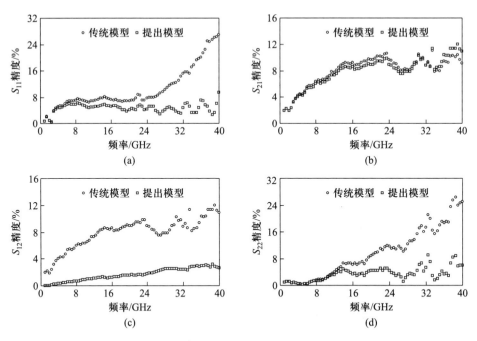

图 4.14　$3×12\ \mu m^2$ GaAs HBT 器件精度随频率的变化曲线

4.3　寄生电感提取方法

寄生电感是指连接器件管芯和 PAD 之间微带不均匀造成的电感,在等效电路模型中用 L_b、L_c 和 L_e 表示。通常提取寄生电感的方法有两种:短路测试结构提取方法和集电极开路提取方法。下面分别介绍这两种常用的寄生电感提取方法。

4.3.1　短路测试结构提取方法

确定键合引线寄生元件的测试版图和等效电路模型如图 4.15 所示。通过测试 HBT 器件基极、集电极和发射极短路结构的 S 参数,在削去寄生电容之后,利用开路 Z 参数可以直接确定 3 个引线电感和 3 个引线电阻[15]:

$$L_e = \frac{1}{\omega} \text{Im}(Z_{12}) = \frac{1}{\omega} \text{Im}(Z_{21}) \qquad (4.23)$$

$$L_{\mathrm{b}} = \frac{1}{\omega}\mathrm{Im}(Z_{11} - Z_{12}) \qquad (4.24)$$

$$L_{\mathrm{c}} = \frac{1}{\omega}\mathrm{Im}(Z_{22} - Z_{21}) \qquad (4.25)$$

$$R_{\mathrm{1b}} = \mathrm{Re}(Z_{11} - Z_{12}) \qquad (4.26)$$

$$R_{\mathrm{1c}} = \mathrm{Re}(Z_{22} - Z_{21}) \qquad (4.27)$$

$$R_{\mathrm{1e}} = \mathrm{Re}(Z_{12}) = \mathrm{Re}(Z_{21}) \qquad (4.28)$$

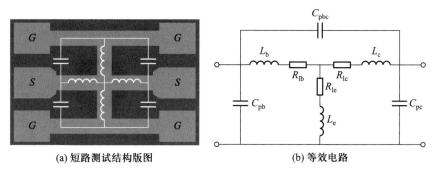

(a) 短路测试结构版图　　　　　　(b) 等效电路

图 4.15　确定键合引线寄生元件的测试版图和等效电路

图 4.16 给出了基于短路测试结构的引线电感提取值随频率的变化曲线,可以看出引线电感几乎不随频率的变化而变化,可以直接提取出引线电感 L_{b}、L_{c} 和 L_{e} 的值,分别为 44 pH、42 pH 和 7 pH。此外,图 4.17 给出了焊盘电容去嵌前和去嵌后获得的寄生电感提取结果。对于 GaAs 和 InP 器件,由于焊盘电容在 10fF ~ 15fF 之间,不是很大,对短路结构的影响可以忽略,因此在提取寄生电感的过程中,无须考虑焊盘电容,即可以利用短路结构的 Y 参数直接提取,无须削去寄生电容之后再进行提取。

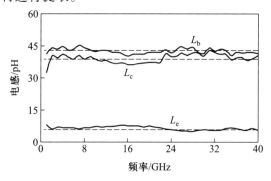

图 4.16　基于短路测试结构的引线电感提取值随频率变化曲线

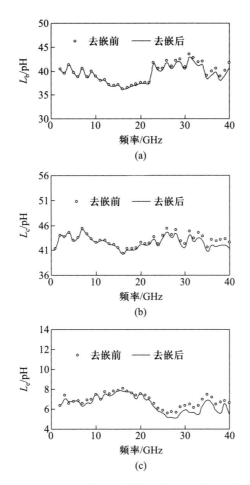

图 4.17 基于短路测试结构的寄生电感提取结果

4.3.2 集电极开路提取方法

集电极开路(Open Collector)提取方法是指在 DC 情况下集电极没有静态电流的偏置状态,而基极需要注入足够大的电流(I_b 取值范围为 10 mA ~ 60 mA)使得 B-E 结和 B-C 结穿通,也就是说两个背靠背的 PN 结正向偏置。集电极开路提取方法如图 4.18 所示,集电极上没有电流注入,相当于集电极开路。

图 4.19 给出了集电极开路情况下虚部等效电路模型,由于 B-E 结和 B-C 结穿通,因此在本征部分电阻起主要作用(在微波频段)。

图 4.20 给出了集电极开路情况下的 Z 参数虚部随频率的变化曲线,从曲线

的斜率很容易获得 3 个寄生电感的数值[16-19]。

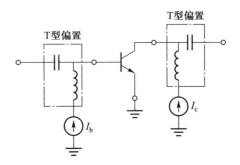

图 4.18　集电极开路提取方法

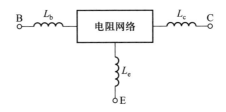

图 4.19　集电极开路情况下虚部等效电路模型

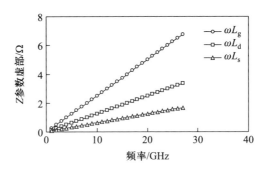

图 4.20　集电极开路情况下的 Z 参数虚部随频率变化曲线

4.3.3　馈线的趋肤效应

在高频工作状态下,涡流电流使得导体电流密度分布不均,可以发现越靠近导体表面的位置,电流密度越大,而导体内部流经的电流相对较小,这是由于高频电流趋于在导体表面流动,即趋肤效应。趋肤效应会致使导体的 AC 电阻大于 DC 电阻,导体自身的损耗功率增大。随着频率的升高,导体的趋肤效应越发明显[20-22]。

图 4.21 给出了基极馈线电阻 R_{lb} 提取值随频率的变化曲线,可以看出 R_{lb} 的阻值随着频率的升高不断增加。根据此现象,这里提出了一种改进的短路测试结构等效电路模型,如图 4.22 所示。改进的模型采用电阻 R_k 和电感 L_k 的并联支路来表征基极馈线的趋肤效应。值得注意的是,实验证明在毫米波频段集电极和发射极馈线的趋肤效应影响很小,可以忽略不计。

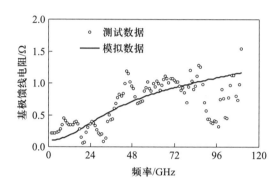

图 4.21　基极馈线电阻 R_{lb} 提取值随频率变化曲线

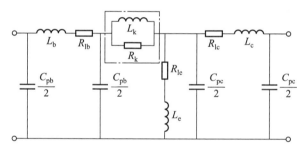

图 4.22　改进的短路测试结构等效电路模型

根据图 4.22,可以很容易地确定 R_k 和 L_k 的数值,分别为 1 Ω 和 4 pH。图 4.23 给出了 2 GHz～110 GHz 频段范围,短路条件下测试数据与模拟数据 S 参数的比较曲线,可以看出与传统模型相比,考虑趋肤效应模型的模拟结果与测试结果吻合得更好。

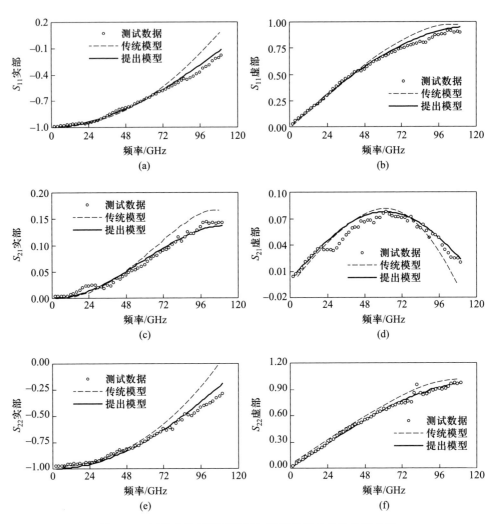

图 4.23　短路条件下测试数据与模拟数据 S 参数比较曲线

4.4　寄生电阻提取方法

寄生电阻是指基极、集电极和发射极的欧姆接触电阻,分别表示为 R_{bx}、R_c 和 R_e。在寄生元件提取过程中,寄生电阻提取是难点。常用的提取寄生电阻的方法有 3 种:① 集电极开路方法;② Z 参数方法;③ 截止状态方法。下面分别介绍这 3 种方法。

4.4.1 集电极开路方法

集电极开路方法的测试原理如图 4.18 所示,实部等效电路模型如图 4.24 所示。由于 B-E 结和 B-C 结穿通,结电阻 R_{ex}、R_{bc} 和 R_{be} 都远远小于基极本征电阻 R_{bi},在低频情况下电容全部可以忽略[16-19]。

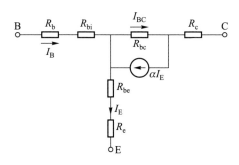

图 4.24 集电极开路情况下实部等效电路模型

根据上述假设,集电极开路模型 Z 参数的实部可以用以下公式表示:

$$\text{Re}(Z_{11}) = R_{bi} + R_{bx} + R_e + R_{be} \tag{4.29}$$

$$\text{Re}(Z_{12}) = R_e + R_{be} = R_e + \frac{\eta_{be} V_t}{I_{BE}} \tag{4.30}$$

$$\text{Re}(Z_{21}) = R_e + R_{be} - \alpha R_{bc}$$

$$= R_e + \frac{\eta_{be} V_t}{I_{BE}} + \alpha \frac{\eta_{bc} V_t}{I_{BC}} \tag{4.31}$$

$$\text{Re}(Z_{22}) = R_c + R_e + R_{be} + (1 - \alpha) R_{bc} \tag{4.32}$$

经过变换可得到

$$\text{Re}(Z_{11} - Z_{12}) = R_{bi} + R_{bx} \tag{4.33}$$

$$\text{Re}(Z_{22} - Z_{21}) = R_{bc} + R_c$$

$$= \frac{\eta_{bc} V_t}{I_{BC}} + R_c \tag{4.34}$$

其中,V_t 为热电势,α 为低频共基极电流放大系数,η_{bc} 和 η_{be} 分别为本征 B-C 结和本征 B-E 结理想因子,I_{BC} 和 I_{BE} 分别为流过本征 B-C 结和本征 B-E 结的直流电流,并且和基极注入电流成正比。根据上述分析可以得到如下结论:

(1) 利用 Z_{22}-Z_{21} 的实部随基极电流的倒数 $1/I_B$ 的变化曲线的截距可得到

集电极寄生电阻 R_c。

（2）利用 Z_{12} 或者 Z_{21} 的实部随基极电流的倒数 $1/I_B$ 的变化曲线的截距可得到集电极寄生电阻 R_e。

（3）本征基极电阻 R_{bi} 在较大基极注入电流情况下趋于零,因此可以利用该情况下的 $Z_{11}-Z_{12}$ 的实部来确定基极寄生电阻 R_{bx}。

图 4.25 给出了 $Z_{22}-Z_{21}$、Z_{21} 和 Z_{12} 的实部随基极电流的倒数 $1/I_B$ 的变化曲线,图 4.26 给出了 $Z_{11}-Z_{12}$ 的实部随基极电流 I_B 的变化曲线,利用上述曲线与坐标轴的截距关系,可以直接确定相应寄生电阻的数值。

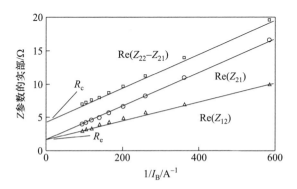

图 4.25 $Z_{22}-Z_{21}$、Z_{21} 和 Z_{12} 的实部随 $1/I_B$ 变化曲线

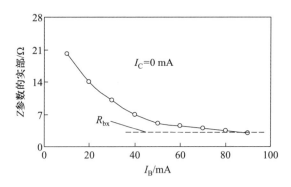

图 4.26 $Z_{11}-Z_{12}$ 的实部随基极电流 I_B 变化曲线

4.4.2   Z 参数方法

在低频情况下,HBT 器件的共基极电流放大系数 α 接近 1,此时输入端口开路情况下的反向传输阻抗 Z_{12} 的实部可以近似为发射极寄生电阻 R_e 和基极-发

射极结动态电阻 R_{be} 之和[19]，即

$$\mathrm{Re}(Z_{12}) = R_{be} + R_e \qquad (4.35)$$

基极-发射极结动态电阻 R_{be} 的计算公式如下：

$$R_{be} = \frac{\eta kT}{qI_E} \qquad (4.36)$$

其中，k 表示玻尔兹曼常数，η 表示理想发射系数，q 表示电荷，T 表示绝对温度。

将式(4.36)代入式(4.35)，利用 Z_{12} 的实部随发射极电流的倒数 $1/I_E$ 的变化曲线的截距来获得发射极寄生电阻，即发射极电流趋于无穷大时的外推结果。图 4.27 给出了工作频率为 2 GHz 时 Z_{12} 的实部随发射极电流的倒数 $1/I_E$ 的变化曲线(InP HBT 器件)，从图中很容易得到发射极寄生电阻 R_e 的数值。

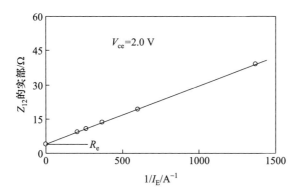

图 4.27　工作频率为 2 GHz 时 Z_{12} 的实部随发射极电流的倒数 $1/I_E$ 的变化曲线

值得注意的是，Z 参数方法仅对提取发射极寄生电阻 R_e 有效，而对于基极和集电极寄生电阻，则需要采用其他方法。

4.4.3　截止状态方法

图 4.28 给出了截止状态下Ⅲ-Ⅴ族化合物 HBT 等效电路模型，截止状态定义为 B-E 结和 B-C 结均反偏或零偏。在这种状态下，器件内部不存在 DC 电流，共基极电流放大系数 α 趋于零，器件呈现无源状态($Z_{12} = Z_{21}$)。相应的等效电路变得十分简单，开路 Z 参数可以表示为

$$Z_{11} - Z_{12} = \frac{Z_{EX}R_{bi}}{Z_{BC} + Z_{EX} + R_{bi}} + Z_B \qquad (4.37)$$

$$Z_{12} = Z_{21} = \frac{Z_{BC}R_{bi}}{Z_{BC} + Z_{EX} + R_{bi}} + Z_{BE} + Z_E \qquad (4.38)$$

$$Z_{22} - Z_{12} = \frac{Z_{BC} Z_{EX}}{Z_{BC} + Z_{EX} + R_{bi}} + Z_C \qquad (4.39)$$

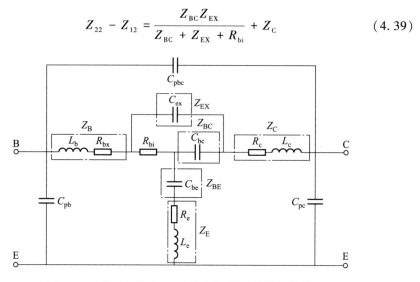

图 4.28 截止状态下 Ⅲ-Ⅴ 族化合物 HBT 等效电路模型

在削去焊盘电容和寄生电感的影响之后,截止状态下的本征 B-C 结电容 C_{bc} 和寄生 C_{ex} 之和可以由下面的公式确定[23,24]:

$$C_{bc} + C_{ex} = -\frac{1}{\omega B \left[1 + \dfrac{A^2}{C^2 F^2} \right]} \qquad (4.40)$$

$$C_{ex} = -\frac{D^2}{\omega A \left[\left(1 + \dfrac{1}{F} \right)^2 + D^2 \right]} \qquad (4.41)$$

这里,

$$A = \mathrm{Im}(Z_{11} - Z_{12})$$

$$B = \mathrm{Im}(Z_{22} - Z_{12})$$

$$C = \mathrm{Re}(Z_{12})$$

$$D = \frac{C}{B}$$

$$E = \frac{A}{B}$$

$$F = \frac{E + \sqrt{E^2 + 4ED^2}}{2D^2}$$

利用上述公式,可以直接确定本征基极电阻 R_{bi} 以及寄生电阻 R_{bx} 和 R_c:

$$R_{\text{bi}} = -\frac{D}{\omega C_{\text{ex}}} \tag{4.42}$$

$$R_{\text{bx}} = \text{Re}\left(Z_{11} - Z_{12} - \frac{R_{\text{bi}} C_{\text{bc}}}{C_{\text{ex}} + C_{\text{bc}} + \text{j}\omega R_{\text{bi}} C_{\text{bc}} C_{\text{ex}}} \right) \tag{4.43}$$

$$R_{\text{c}} = \text{Re}\left(Z_{22} - Z_{12} - \frac{1}{\text{j}\omega(C_{\text{ex}} + C_{\text{bc}}) - \omega^2 R_{\text{bi}} C_{\text{bc}} C_{\text{ex}}} \right) \tag{4.44}$$

同时截止状态下的本征 B-E 结电容 C_{be} 可以由下式确定:

$$C_{\text{be}} = \frac{1}{\omega \text{Im}\left(Z_{12} - \dfrac{R_{\text{bi}} C_{\text{ex}}}{C_{\text{ex}} + C_{\text{bc}} + \text{j}\omega R_{\text{bi}} C_{\text{bc}} C_{\text{ex}}} \right)} \tag{4.45}$$

图 4.29 和图 4.30 分别给出了截止状态下 $C_{\text{bc}}+C_{\text{ex}}$ 和 C_{ex} 随频率变化的曲线,B-E 结偏置电压为 0.0 V 和 0.2 V,集电极电压 $V_{\text{CE}} = 0$ V。值得注意的是,C_{bc} 和 C_{ex} 均会随着偏置的变化而变化。

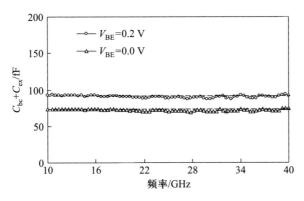

图 4.29 截止状态下 $C_{\text{bc}}+C_{\text{ex}}$ 随频率变化曲线

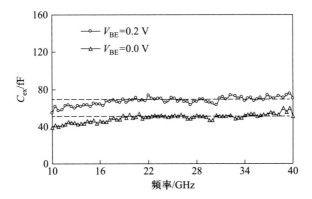

图 4.30 截止状态下 C_{ex} 随频率变化曲线

图 4.31、图 4.32、图 4.33 和图 4.34 分别给出了截止状态下基极本征电阻 R_{bi}、B-E 结电容 C_{be}、基极寄生电阻 R_{bx} 和集电极寄生电阻 R_c 随频率的变化曲线,在比较宽的频带范围内,R_{bx} 和 R_c 非常平坦,且和频率以及偏置无关。

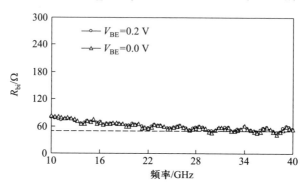

图 4.31　截止状态下 R_{bi} 随频率变化曲线

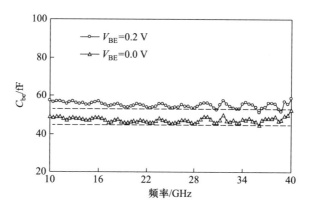

图 4.32　截止状态下 C_{be} 随频率变化曲线

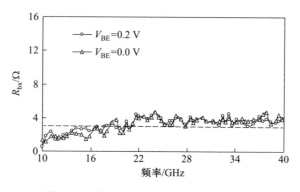

图 4.33　截止状态下 R_{bx} 随频率变化曲线

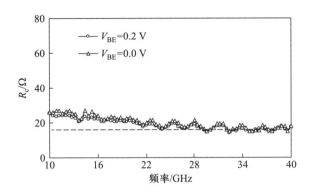

图 4.34 截止状态下 R_c 随频率变化曲线

图 4.35 给出了两种不同偏置条件下的截止状态下 S 参数模拟数据和测试数据比较曲线,可以看到,模拟数据和测试数据吻合得很好。

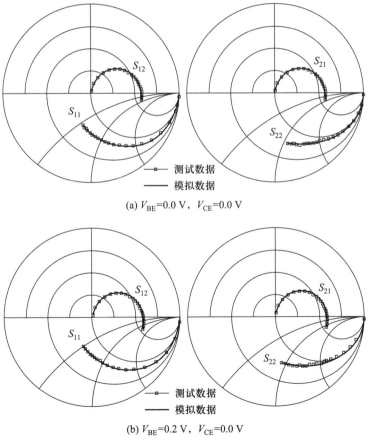

(a) V_{BE}=0.0 V, V_{CE}=0.0 V

(b) V_{BE}=0.2 V, V_{CE}=0.0 V

图 4.35 截止状态下 S 参数模拟数据和测试数据比较曲线

4.4.4　基于 T-π 网络转换的提取方法

传统的寄生电阻提取方法主要包括集电极开路方法、Z 参数方法和截止状态方法。R_{bx}、R_e 和 R_c 可以通过集电极开路方法直接确定,但是由于等效电路中基极寄生电阻 R_{bx} 和基极本征电阻 R_{bi} 是串联关系,很难将两个电阻的数值进行区分,通常假设 R_{bi} 在正向基极电流非常大的条件下忽略不计,来估算 R_{bx} 的数值。此外,集电极开路方法受测量过程中温度变化的限制[25]。Z 参数方法仅对提取发射极寄生电阻 R_e 有效,而截止状态方法也只能用于确定集电极寄生电阻 R_c 和基极寄生电阻 R_{bx},并且需要高频测试条件。需要说明的是,还有其他一些方法可以提取 HBT 器件的寄生电阻,如各种直流测试技术,本章不做讨论。

对于电阻和电容共存的电路网络,在频率较低的范围内,电容在电路中起主导作用。随着频率升高,电容对电路的影响逐渐减小,电阻在电路中的影响逐渐提升,因此频率越高电阻的提取值越精确,即电阻的最佳频率范围是高频条件。当频率高达毫米波频段时,提取寄生电阻可结合截止状态方法及 Z 参数方法。

异质结双极晶体管内部结构复杂,等效电路模型中间节点较多,直接获取电路的网络参数非常困难。在模型参数提取过程中必须用到器件的网络参数,如 Z 参数和 Y 参数。要想获得器件 Z 参数和 Y 参数的表达式,就需要简化等效电路的拓扑结构。目前常用的方法主要是利用 T 型网络和 π 型网络之间的关系来简化电路结构,减少拓扑节点,从而获得 Z 参数和 Y 参数的函数表达式。本小节在此基础上,对适用于太赫兹频段的寄生电阻提取方法展开研究,采用 T-π 网络转换的方法,简化截止状态下 HBT 器件的等效电路模型结构以及模型网络参数的提取方法。

1. T-π 等效电路模型转换与改进

图 4.36 给出了 T 型网络和 π 型网络的拓扑结构示意图。

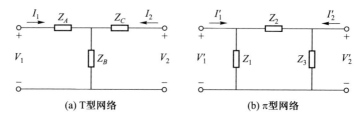

(a) T 型网络　　　　　　　　　(b) π 型网络

图 4.36　T 型网络和 π 型网络拓扑结构示意图

根据 T 型网络和 π 型网络微波参数的计算公式,可以得到下面的关系式[26]:

$$Z_1 = \frac{Z_A Z_B + Z_B Z_C + Z_A Z_C}{Z_C} \tag{4.46}$$

$$Z_2 = \frac{Z_A Z_B + Z_B Z_C + Z_A Z_C}{Z_B} \tag{4.47}$$

$$Z_3 = \frac{Z_A Z_B + Z_B Z_C + Z_A Z_C}{Z_A} \tag{4.48}$$

$$Z_A = \frac{Z_1 Z_2}{Z_1 + Z_2 + Z_3} \tag{4.49}$$

$$Z_B = \frac{Z_1 Z_3}{Z_1 + Z_2 + Z_3} \tag{4.50}$$

$$Z_C = \frac{Z_2 Z_3}{Z_1 + Z_2 + Z_3} \tag{4.51}$$

复杂网络中的 T 型网络或 π 型网络部分,可以运用式(4.46)~式(4.51)进行等效转换,此处应该注意的是 T 型网络和 π 型网络之间的转换内部节点并不等效,仅对外部节点等效,两个网络之间的相互转换并不影响网络其余未经转换部分的电压和电流。图 4.37 给出了 HBT 器件等效电路模型,其中 C_{be} 表示本征部分的基级-发射极电容,R_{bi} 表示本征部分的基极电阻,R_{be} 表示本征部分的基级-发射极电阻,C_{ex} 表示寄生部分的基级-集电极电容,g_m 表示跨导,C_{bc} 表示本征部分的基级-集电极电容。

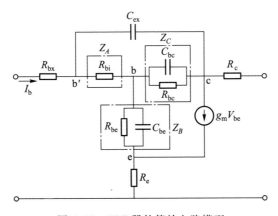

图 4.37 HBT 器件等效电路模型

　　将 T 型网络转换成 π 型网络,考虑到 T 型和 π 型网络之间的转换仅对外部电路节点等效,而内部电路节点并不等效,所以典型模型中 T 型网络的电压 V_{be} 在 π 型网络中并不存在。图 4.38 为转换后的等效电路模型,模型中包含有两个受控源:一个是受输入端口电压 $V_{\text{b'e}}$ 控制的电压控制电流源,另一个是受输入端口电流 I_{b} 控制的电流控制电流源,这里 β 表示共发射极电流增益($\beta = g_{\text{m}}R_{\text{bi}}$)。与文献[27,28]中的模型相比,本节所提出的模型通过增加受输入端口电流 I_{b} 控制的电流控制电流源,修正了典型等效电路模型在 T-π 网络转换时电压 V_{be} 无法表示的问题。

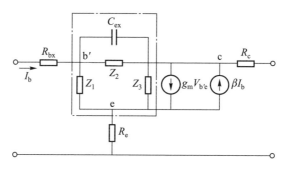

图 4.38　转换后的等效电路模型

在如图 4.37 所示的器件等效电路模型中,有

$$Z_A = R_{\text{bi}} \tag{4.52}$$

$$Z_B = \frac{1}{\text{j}\omega C_{\text{be}}}//R_{\text{be}} = \frac{R_{\text{be}}}{1 + \text{j}\omega R_{\text{be}}C_{\text{be}}} \tag{4.53}$$

$$Z_C = \frac{1}{\text{j}\omega C_{\text{bc}}}//R_{\text{bc}} = \frac{R_{\text{bc}}}{1 + \text{j}\omega R_{\text{bc}}C_{\text{bc}}} \tag{4.54}$$

转换后等效电路模型中 Z_1、Z_2 和 Z_3 可以表示为

$$Z_1 = \frac{M}{Z_C} \tag{4.55}$$

$$Z_2 = \frac{M}{Z_B} \tag{4.56}$$

$$Z_3 = \frac{M}{Z_A} \tag{4.57}$$

其中,$M = Z_A Z_B + Z_B Z_C + Z_A Z_C$。

　　此外考虑到基极-集电极电容 C_{ex},有

$$Z_{2x} = Z_2 // Z_{ex} = \frac{Z_2 Z_{ex}}{Z_2 + Z_{ex}} \tag{4.58}$$

其中，$Z_{ex} = \dfrac{1}{j\omega C_{ex}}$。

图 4.37 中虚线框的 Y 参数可以表示为

$$Y_{11} = \frac{I_1}{V_1}\bigg|_{V_2 = 0} = \frac{1}{Z_1} + \frac{1}{Z_{2x}} = \frac{Z_B + Z_C}{M} + \frac{1}{Z_{ex}} \tag{4.59}$$

$$Y_{12} = \frac{I_1}{V_2}\bigg|_{V_1 = 0} = -\frac{1}{Z_{2x}} = -\frac{Z_B}{M} - \frac{1}{Z_{ex}} \tag{4.60}$$

$$Y_{21} = \frac{I_2}{V_1}\bigg|_{V_2 = 0} = \frac{1}{Z_{2x}} + \frac{1}{Z_3} + \frac{Z_1}{Z_1 + Z_2 + Z_3}g_m$$

$$= \frac{Z_A + Z_B}{M} + \frac{1}{Z_{ex}} + \frac{Z_A Z_B}{M}g_m \tag{4.61}$$

$$Y_{22} = \frac{I_2}{V_2}\bigg|_{V_1 = 0} = \frac{Z_1}{Z_1 + Z_2 + Z_3}g_m - \frac{1}{Z_{2x}}$$

$$= \frac{Z_A Z_C}{M}g_m - \frac{Z_B}{M} - \frac{1}{Z_{ex}} \tag{4.62}$$

其中，$g_m = g_{m0}e^{-j\omega\tau}$，$Z_{ex} = \dfrac{1}{j\omega C_{ex}}$。

图 4.39 给出了 $2\times25~\mu m^2$ 以及 $2\times20~\mu m^2$ HBT 器件 S 参数的典型模型和转换后模型的对比曲线[29]。可以看出典型 HBT 器件等效电路模型和转换后的等效电路模型相比，S 参数完全吻合，验证了本节所提出模型的正确性，同时 T-π 网络转换方法也为后续模型寄生电阻的提取提供了良好的思路。

2. 截止状态下寄生电阻的提取

图 4.40 给出了截止状态下 HBT 器件的小信号模型，图 4.41 给出了低频范围内截止状态下 HBT 器件的简化模型，通过该模型可以得到 C_{be} 和 $C_{ex}+C_{bc}$ 的表达式：

$$C_{be} = \frac{\mathrm{Im}(Y_{11}^C + Y_{12}^C)}{\omega} \tag{4.63}$$

$$C_{ex} + C_{bc} = -\frac{\mathrm{Im}(Y_{12}^C)}{\omega} \tag{4.64}$$

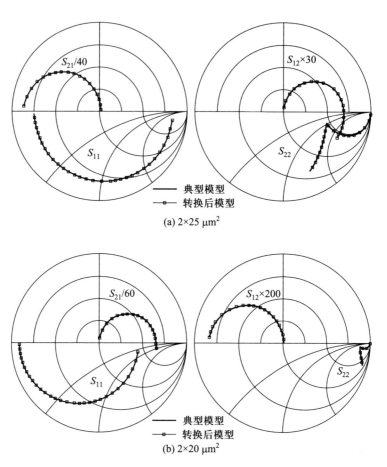

(a) 2×25 μm²

(b) 2×20 μm²

图 4.39　0.1 GHz~110 GHz 频率范围内 HBT 器件典型模型和
转换后模型 S 参数对比曲线

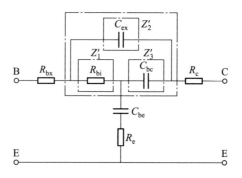

图 4.40　截止状态下 HBT 器件的小信号模型

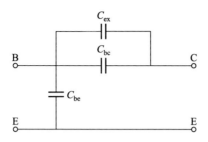

图 4.41　低频范围内截止状态下 HBT 器件的简化模型

运用 T-π 电路转换方法,将图 4.40 小信号模型中虚线部分的 π 型网络转换成 T 型网络,以便于寄生电阻的提取。图 4.42 给出了截止状态下经过 T-π 转换得到的小信号模型,Z 参数可以表示为

$$Z_{11}^C = Z_A' + R_{bx} + Z_B' + \frac{1}{j\omega C_{be}} + R_e \tag{4.65}$$

$$Z_{12}^C = Z_{21}^C = Z_B' + \frac{1}{j\omega C_{be}} + R_e \tag{4.66}$$

$$Z_{22}^C = Z_C' + R_c \tag{4.67}$$

其中,$Z_A' = \dfrac{R_{bi}/j\omega C_{ex}}{R_{bi}+1/j\omega C_{bc}+1/j\omega C_{ex}}$

$$Z_B' = \frac{R_{bi}/j\omega C_{bc}}{R_{bi}+1/j\omega C_{bc}+1/j\omega C_{ex}}$$

$$Z_C' = \frac{-1/\omega^2 C_{ex} C_{bc}}{R_{bi}+1/j\omega C_{bc}+1/j\omega C_{ex}}$$

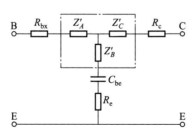

图 4.42　截止状态下经过 T-π 转换得到的小信号模型

寄生电阻 R_{bx} 和 R_c 可以表示为

$$R_{bx} = \text{Re}(Z_{11}^C - Z_{12}^C) - \frac{A R_{bi} C_{be}}{B} \tag{4.68}$$

$$R_{\mathrm{c}} = \mathrm{Re}(Z_{22}^{C} - Z_{12}^{C}) + \frac{R_{\mathrm{bi}} C_{\mathrm{bc}} C_{\mathrm{ex}}}{B} \tag{4.69}$$

其中, $R_{\mathrm{bi}} C_{\mathrm{ex}} = \dfrac{B \cdot \mathrm{Re}(Z_{12}^{C} - R_{\mathrm{e}})}{A}$

$R_{\mathrm{bi}}^{2} C_{\mathrm{bc}}^{2} C_{\mathrm{ex}} = -\dfrac{B \cdot \mathrm{Im}(Z_{11}^{C} - Z_{12}^{C})}{\omega}$

$A = C_{\mathrm{ex}} + C_{\mathrm{bc}}$

$B = -\dfrac{A}{\omega \mathrm{Im}(Z_{22}^{C} - Z_{12}^{C})}$

3. 模型验证与结果分析

在低频范围内（2 GHz~10GHz）,截止状态下提取的 $C_{\mathrm{ex}} + C_{\mathrm{bc}}$ 随频率的变化曲线如图 4.43 所示, C_{ex} 和 C_{bc} 的总和约为 72fF。此外, 图 4.43 还给出了在相同低频范围内提取的电容 C_{be} 随频率的变化曲线, C_{be} 提取值约为 46fF。

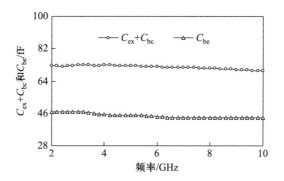

图 4.43　截止状态下 $C_{\mathrm{ex}} + C_{\mathrm{bc}}$ 和 C_{be} 随频率的变化曲线

图 4.44 给出了截止状态下 $Z_{22} - Z_{12}$ 的虚部随频率的变化曲线, 可以发现 $Z_{22} -$

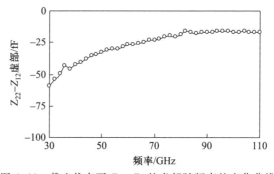

图 4.44　截止状态下 $Z_{22} - Z_{12}$ 的虚部随频率的变化曲线

Z_{12} 的虚部在毫米波频率范围内随频率的波动不大,近似于恒定值。图 4.45 给出了截止状态下 $Z_{11}-Z_{12}$ 和 $Z_{22}-Z_{12}$ 的实部随频率的变化曲线,可以看出随着频率的升高,电容对电路的影响越来越小,$Z_{22}-Z_{12}$ 和 $Z_{11}-Z_{12}$ 的实部随频率的变化曲线也逐渐平缓并趋于稳定。综合以上考虑,主要选用这三组参数来提取寄生电阻 R_c 和 R_{bx}。

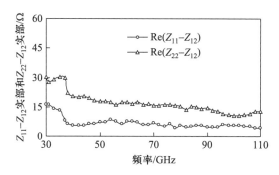

图 4.45　截止状态下 $Z_{11}-Z_{12}$ 和 $Z_{22}-Z_{12}$ 的实部随频率的变化曲线

截止状态下 R_c 和 R_{bx} 随频率的变化曲线如图 4.46 所示,可以发现在毫米波频率范围内,寄生电阻 R_c 和 R_{bx} 的提取结果随频率的波动不大,表明该提取技术有良好的准确性和鲁棒性。此时提取出的 R_{bx} 约为 2 Ω,R_c 约为 18 Ω。

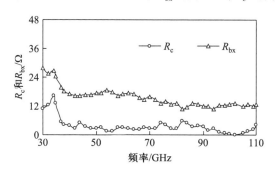

图 4.46　截止状态下 R_c 和 R_{bx} 随频率的变化曲线

为了验证上述提取方法的正确性,对发射极面积为 5×5 μm^2 的双异质结 InP/InGaAs DHBT 进行了测试[27,28]。图 4.47 给出了在零偏条件下 2 GHz ~ 110 GHz 频率范围内模拟数据与测试数据 S 参数对比曲线。图 4.48 给出了三组不同偏置下模拟数据与测试数据 S 参数对比曲线。通过零偏以及固定偏置下模拟数据与测试数据的对比曲线可以发现,在 2 GHz ~ 110 GHz 频率范围内 S 参数均拟合得很好。

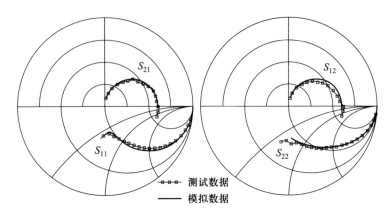

图 4.47　2 GHz~110 GHz 频率范围内模拟数据与测试数据 S 参数
对比曲线(偏置:$V_{be} = V_{ce} = 0$ V)

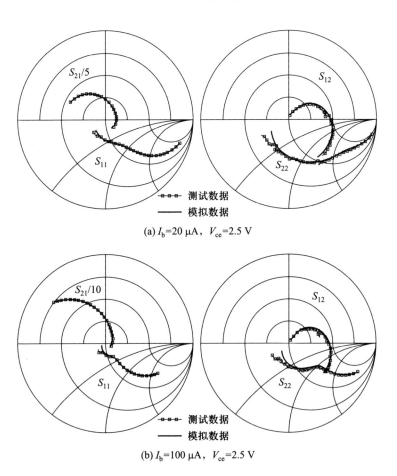

(a) I_b=20 μA,　V_{ce}=2.5 V

(b) I_b=100 μA,　V_{ce}=2.5 V

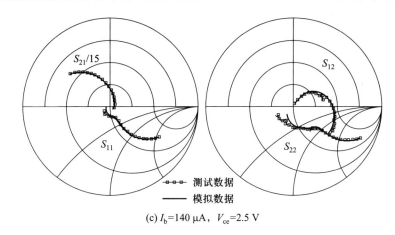

(c) I_b=140 μA，V_{ce}=2.5 V

图 4.48　2 GHz~110 GHz 频率范围内模拟数据与测试数据 S 参数对比曲线

此外,为了更好地说明所提出模型的准确性,图 4.49 给出了 2 GHz ~ 110 GHz 频率范围内 InP HBT 器件在偏置为 $I_b = 140$ μA，$V_{ce} = 2.5$ V 情况下精度随频率的变化曲线,S_{11} 和 S_{22} 在较低频率下的精度优于较高频率(接近 110 GHz),主要原因是模型参数在频率高达 100 GHz 时会发生色散。随着频率的增加,这种影响变得越来越明显。S_{21} 的误差小于 8%,S_{12} 的误差小于 6%。

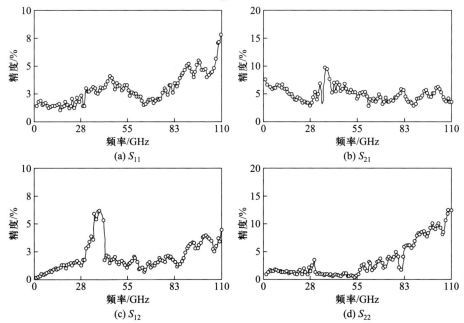

图 4.49　2 GHz~110 GHz 频率范围内 InP HBT 器件的精度随频率的变化曲线

(偏置 : $I_b = 140$ μA，$V_{ce} = 2.5$ V)

4.5　本章小结

　　本章对 HBT 器件寄生元件的提取方法进行了探讨,寄生元件包括 PAD 电容、引线电感和寄生电阻。针对 110GHz 提出了考虑 HBT 器件基极和集电极馈线分布效应的等效电路模型,采用电阻和电感的并联支路表征基极馈线的趋肤效应,提高了毫米波频段短路测试结构 S 参数的拟合精度。提出了一种基于 T-π 网络转换的毫米波寄生电阻提取方法,该方法采用 T-π 网络转换以简化等效电路模型的网络参数计算方法。

参考文献

[1]　张傲. Ⅲ-Ⅴ族异质结双极晶体管毫米波建模与参数提取技术研究[D].上海:华东师范大学,2021.

[2]　Gao H,Jin J. RF modeling and parameter extraction for GaAs-basedon-chip inductors[J]. Microwave and Optical Technology Letters,2020,62(5):1930-1934.

[3]　Gao J,Li X,Wang H,et al. An improved analytical method for determination of small signal equivalent circuit model parameters for InP/InGaAs HBTs[J]. IEE Proceedings Circuits,Devices and Systems,2005,152(6):661-666.

[4]　Samelis A and Pavlidis D. DC to high-frequency HBT-model parameter evaluation using impedance block conditioned optimization[J]. IEEE Trans. Microwave Theory Tech.,1997,45(6):886-897.

[5]　Gao J,Li X,Wang H,et al. An approach to determine small signal model parameters for InP-based heterojunction bipolar transistors[J]. IEEE Trans. Semiconductor Manufacturing,2006,19(1):138-145.

[6]　Li B,Prasad S,Yang L W,et al. A semianalytical parameter- extraction procedure for HBT equivalent circuit[J]. IEEE Trans. on Microwave Theory and Techniques,1998,46(10):1427-1435.

[7]　Sotoodeh M,Sozzi L,Vinay A,et al. Stepping toward standard methods of small-signal parameter extraction for HBT's[J]. IEEE Trans. on Microwave Theory and Techniques,2000,47(6):1139-1151.

[8]　Bousnina S,Mandeville P,Kouki A B,et al. Direct parameter-extraction method for HBT small-signal model[J]. IEEE Trans. on Microwave Theory and Techniques,2002,50(2):

529-536.

[9] Sheinman B, Wasige E, Rudolph M, et al. A peeling algorithm for extraction of the HBT small-signal equivalent circuit[J]. IEEE Trans. on Microwave Theory and Techniques,2002, 50(12):2810-2814.

[10] Zhang A,Gao J. A new method for determination of PAD capacitances for GaAs HBTs based on scalable small signal equivalent circuit model[J]. Solid State Electronics,2018,150 (8):45-50.

[11] Rudolph M,Doerner R,Beilenhoff K,et al. Scalable GaInP/GaAs HBT large-signal model [J]. IEEE Trans. on Microwave Theory and Techniques,2000,48,(12):2370-2376.

[12] Schaper U,Zwicknagl P. Physical scaling rules for AlGaAs/GaAs power HBT's based on a small-signal equivalent circuit[J]. IEEE Trans. on Microwave Theory and Techniques, 1998,46,(7):1006-1009.

[13] Wu D W,Fukuda M,Yun Y H,et al. Small-signal equivalent circuit scaling properties of AlGaAs/GaAs HBT's[C]. IEEE MTT-S Int. Microwave Symp. Dig., Orlando, 1995: 631-634.

[14] Rodwell M J W,Urteaga M,Mathew T,et al. Submicron scaling of HBTs[J]. IEEE Trans. on Electron Devices,1995,48,(11):2606-2624.

[15] Costa D, Liu W, Harris J. Direct extraction of the Al-GaAs/GaAs heterojunction bipolar transistors small signal equivalent circuit[J]. IEEE Trans. on Electron Devices,1991,38 (9):2018-2024.

[16] Wei C J,Huang C M. Direct extraction of equivalent circuit parameters for heterojunction bipolar transistor[J]. IEEE Trans. on Microwave Theory and Techniques, 1995,43(9): 2035-2039.

[17] Ciacoletto L J. Measurement of emitter and collector series resistance[J]. IEEE Trans. on Electron Device,1972,19(5):692-693.

[18] Gobert Y,Tasker P J,Bachem K H. A physical,yet simple,small-signal equivalent circuit for the heterojunction bipolar transistor[J]. IEEE Trans. on Microwave Theory and Techniques,1997,45(1):149-153.

[19] Maas S A,Tait D. Parameter-extraction method for heterojunction bipolar transistors[J]. IEEE Microwave Guided Wave Letters,1992,2(12):502-504.

[20] 张译心. 石墨烯片上螺旋电感的建模与参数提取分析[D]. 上海:华东师范大学,2019.

[21] Casimir H B G,Ubbink J. The skin effect[J]. Philips Technical Review,1967,28(12): 355-386.

[22] Bello R O,Wattenbarger R A. Modelling and analysis of shale gas production with a skin effect[J]. Journal of Canadian Petroleum Technology,2010,49(2):37-48.

[23] Gao J,Li X,Wang H,et al. An approach for determination of extrinsic resistances for meta-

morphic InP/InGaAs HBTs equivalent circuit model[J]. IEE Proceedings - Microwaves, Antennas and Propagation, 2005, 152(2):195-200.

[24] Gao J, Li X, Wang H, et al. An approach to determine R_{bx} and R_c for InP HBT using cutoff mode measurement[C]. European Microwave Week, Munich, 2003:145-147.

[25] Dikmen C, Dogan N, Osman M. DC modelling and characterization of AlGaAs/GaAs heterojunction bipolar transistors for high-temperature applications[J]. IEEE Journal Solid State Circuits, 1994, 29(2):108-116.

[26] Nilsson J W, Riedel S A. Introductory Circuits for Electrical and Computer Engineering[M]. New York: Pearson, 2001.

[27] Bousnina S, Mandeville P, Kouki A, et al. Direct parameter extraction method for HBT small-signal model[J]. IEEE Trans. on Microwave Theory and Techniques, 2002, 50(2): 529-536.

[28] Degachi L, Ghannouchi F. Systematic and rigorous extraction method of HBT small-signal model parameters[J]. IEEE Trans. on Microwave Theory and Techniques, 2006, 54(2): 682-688.

[29] Zhang A, Gao J. A direct extraction method to determine the extrinsic resistances for InP HBT device based on S-parameters measurement up to 110 GHz[J]. Semiconductor Science and Technology, 2020, 35(7):1-7.

第5章　HBT 本征元件提取方法

从半导体器件设计和电路设计角度看,小信号等效电路模型是分析器件内部机理的第一步,利用它可以确定半导体器件的工作频率和功率增益等微波射频特性,同时每一个模型元件和器件结构一一对应,研究人员可以很方便地理解器件的物理结构和工作机理。因此,准确地建立半导体器件的小信号等效电路模型非常重要。异质结双极晶体管(HBT)和双极晶体管(BJT)的工作原理非常类似,HBT 器件的小信号模型可在 BJT 器件的基础上完成,但是由于增加了本征元件个数,HBT 器件的参数提取技术要远远比 BJT 器件的复杂。

本章将介绍 HBT 器件小信号模型本征元件提取方法。首先介绍 HBT 器件本征网络,包括 T 型和 π 型两种常用的小信号等效电路模型,并对 T 型模型和 π 型模型之间的转换关系进行了讨论;其次,对本章所用 HBT 器件的结构及主要技术指标包括 Mason 单向功率增益、特征频率和最大振荡频率进行了介绍;再次,对本征元件直接提取技术和混合提取技术进行了介绍,同时对太赫兹本征模型参数提取方法进行了研究,结合 T 型和 π 型等效电路模型参数提取方法的优点,提出了一种改进的混合参数提取方法;最后介绍了分析和优化相结合的半分析提取技术。

5.1　HBT 器件本征网络

在微波射频电路模拟软件中,异质结双极晶体管小信号等效电路有两种常用的模型,即 T 型模型和 π 型模型[1]。图 5.1 给出了 HBT 器件小信号等效电路模型示意图,虚线框中给出了 T 型和 π 型两种不同结构的 HBT 器件本征等效电路模型。

等效电路模型是利用基本的电路元件如电阻、电容和电感等构建电路模型来模拟复杂的实际物理过程。常用的 HBT 器件非线性模型主要是基于标准

SPICE Gummel-Poon 模型来构建的,而标准模型的建立需要在 π 型小信号等效电路模型的基础上完成,π 型等效电路模型和场效应晶体管的模型十分相似。T 型模型由于与晶体管实际的物理结构更接近,因而可以更加方便地检查所提取参数的物理含义。研究表明 T 型模型和 π 型模型均能很好地反映器件物理机理,模型的精度也不相上下。下面分别介绍 HBT 器件本征部分 T 型和 π 型等效电路模型。

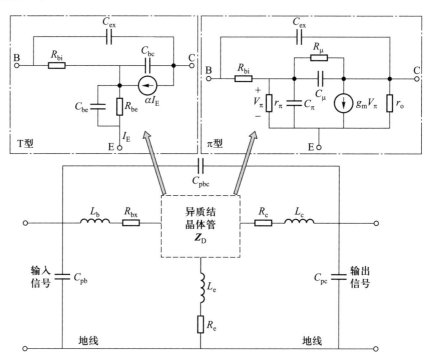

图 5.1　HBT 器件小信号等效电路模型示意图

5.1.1　T 型等效电路模型

典型的 HBT 器件 T 型小信号等效电路模型元件可以分为以下两部分:

(1)强偏置相关的本征元件:C_{be},R_{be},C_{bc} 和 α;

(2)弱偏置相关的本征元件:R_{bi} 和 C_{ex}。

其中,C_{be} 和 R_{be} 为 B-E 结的本征电容和动态电阻,C_{bc} 为 B-C 结的本征电容,R_{bi} 为本征基极电阻,C_{ex} 为 B-C 结的寄生电容。α 为共基极电流传输系数,具体表达式为

$$\alpha = \frac{\alpha_o}{1 + j\omega/\omega_\alpha} e^{-j\omega\tau_T} \tag{5.1}$$

其中,α_o 为直流情况下的共基极电流传输系数,ω_α 为 α 下降 3 dB 时的角频率,τ_T 为时间延迟。

值得注意的是,上面的描述忽略了 B-C 结的两个动态电阻 R_{ex} 和 R_{bc},R_{ex} 表示寄生结的动态电阻,R_{bc} 表示本征结的动态电阻。由于在线性工作状态下 B-C 结反偏,动态电阻很大,因此可以看作开路状态。

下面给出 T 型小信号等效电路模型的 Y 参数矩阵推导过程。首先根据基尔霍夫定律,可以直接写出网络参数:

$$Y_{11} = Y_{BC} + (1 - \alpha)Y_{BE} \tag{5.2}$$

$$Y_{12} = -Y_{BC} \tag{5.3}$$

$$Y_{21} = \alpha Y_{BE} - Y_{BC} \tag{5.4}$$

$$Y_{22} = Y_{BC} \tag{5.5}$$

其次,将上述网络和本征电阻 R_{bi} 进行串联,可以得到相应的 Y 参数为

$$Y'_{11} = \frac{Y_{11}}{1 + R_{bi}Y_{11}} \tag{5.6}$$

$$Y'_{12} = \frac{Y_{12}}{1 + R_{bi}Y_{11}} \tag{5.7}$$

$$Y'_{21} = \frac{Y_{21}}{1 + R_{bi}Y_{11}} \tag{5.8}$$

$$Y'_{22} = \frac{Y_{22} + R_{bi}\Delta Y}{1 + R_{bi}Y_{11}} \tag{5.9}$$

其中,$\Delta Y = Y_{11}Y_{22} - Y_{21}Y_{12}$。

最后,将上述网络和电容 C_{ex} 进行并联,可得到 T 型小信号等效电路模型的 Y 参数为

$$Y_{11} = Y_{EX} + \frac{Y_{BC} + (1 - \alpha)Y_{BE}}{A} \tag{5.10}$$

$$Y_{12} = -Y_{EX} + \frac{-Y_{BC}}{A} \tag{5.11}$$

$$Y_{21} = -Y_{EX} + \frac{-Y_{BC} + \alpha Y_{BE}}{A} \tag{5.12}$$

$$Y_{22} = Y_{EX} + \frac{Y_{BC}(1 + Y_{BE}R_{bi})}{A} \tag{5.13}$$

其中,

$$A = 1 + R_{bi}[Y_{BC} + (1 - \alpha)Y_{BE}],$$

$$Y_{BE} = \frac{1}{R_{be}} + j\omega C_{be},$$

$$Y_{BC} = j\omega C_{bc},$$

$$Y_{EX} = j\omega C_{ex}\,\text{。}$$

如果不考虑 PAD 电容,则 T 型小信号等效电路模型和寄生电感、电阻串联后的阻抗参数为[1]

$$Z_{11} = \frac{[(1 - \alpha)Z_{BC} + Z_{EX}]R_{bi}}{Z_{BC} + Z_{EX} + R_{bi}} + Z_{BE} + Z_E + Z_B \qquad (5.14)$$

$$Z_{12} = \frac{(1 - \alpha)Z_{BC}R_{bi}}{Z_{BC} + Z_{EX} + R_{bi}} + Z_{BE} + Z_E \qquad (5.15)$$

$$Z_{21} = \frac{[-\alpha Z_{EX} + (1 - \alpha)R_{bi}]Z_{BC}}{Z_{BC} + Z_{EX} + R_{bi}} + Z_{BE} + Z_E \qquad (5.16)$$

$$Z_{22} = \frac{(1 - \alpha)Z_{BC}(Z_{EX} + R_{bi})}{Z_{BC} + Z_{EX} + R_{bi}} + Z_{BE} + Z_E + Z_C \qquad (5.17)$$

其中,

$$Z_B = R_{bx} + j\omega L_b,$$

$$Z_C = R_c + j\omega L_c,$$

$$Z_E = R_e + j\omega L_e,$$

$$Z_{BC} = \frac{1}{j\omega C_{bc}},$$

$$Z_{EX} = \frac{1}{j\omega C_{ex}},$$

$$Z_{BE} = \frac{R_{BE}}{1 + j\omega R_{BE}C_{BE}}\,\text{。}$$

5.1.2   π 型等效电路模型

图 5.2 给出了 HBT 器件 π 型小信号等效电路模型。显然本征 HBT 等效电路模型和场效应晶体管模型非常相似,输入阻抗 Z_π 由 B-E 结电阻 R_π 和结电容 C_π 构成($Z_\pi = R_\pi + j\omega C_\pi$),反馈部分由 B-C 结电阻 R_μ 和结电容 C_μ 构成($Z_\mu = R_\mu + $

$j\omega C_{\mu}$),输出电阻为 r_{o},增益由跨导 g_{m} 表示,表达式为

$$g_{m} = g_{mo}e^{-j\omega\tau_{\pi}}$$

其中 g_{mo} 为直流增益跨导,τ_{π} 为时间延迟。特别需要注意的是,在线性区域 B-C 结反偏,结电阻 R_{μ} 很大通常可以忽略不计。

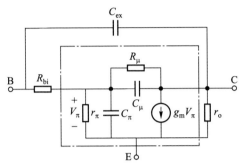

(a) 压控电流源形式

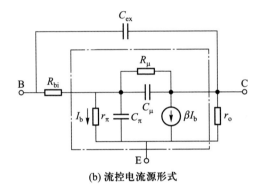

(b) 流控电流源形式

图 5.2 HBT 器件 π 型小信号等效电路模型

本征 HBT 器件的 Y 参数可以表示为[2]

$$Y_{11} = \frac{1}{r_{\pi}} + j\omega(C_{\pi} + C_{\mu}) \tag{5.18}$$

$$Y_{12} = -j\omega C_{\mu} \tag{5.19}$$

$$Y_{21} = g_{mo}e^{-j\omega\tau_{\pi}} - j\omega C_{\mu} \tag{5.20}$$

$$Y_{22} = \frac{1}{r_{o}} + j\omega C_{\mu} \tag{5.21}$$

考虑本征基极电阻 R_{bi} 和寄生 B-C 结电容 C_{ex} 之后的 Y 参数可以表示为

$$Y_{11} = \frac{1 + j\omega r_{\pi}(C_{\pi} + C_{\mu})}{r_{\pi} + R_{bi} + j\omega R_{bi}r_{\pi}(C_{\pi} + C_{\mu})} + j\omega C_{ex} \tag{5.22}$$

$$Y_{12} = \frac{-\,\mathrm{j}\omega r_\pi C_\mu}{r_\pi + R_{bi} + \mathrm{j}\omega R_{bi} r_\pi (C_\pi + C_\mu)} - \mathrm{j}\omega C_{ex} \tag{5.23}$$

$$Y_{21} = \frac{g_m r_\pi \mathrm{e}^{-\mathrm{j}\omega\tau_\pi} - \mathrm{j}\omega r_\pi C_\mu}{r_\pi + R_{bi} + \mathrm{j}\omega R_{bi} r_\pi (C_\pi + C_\mu)} - \mathrm{j}\omega C_{ex} \tag{5.24}$$

$$Y_{22} = \frac{r_\pi / r_o + \mathrm{j}\omega r_\pi C_\mu}{r_\pi + R_{bi} + \mathrm{j}\omega R_{bi} r_\pi (C_\pi + C_\mu)} + \mathrm{j}\omega C_{ex} \tag{5.25}$$

5.1.3　T 型模型和 π 型模型的关系

对于同一 HBT 器件来说,它的各种特性包括直流、小信号和大信号特性都是唯一的,但是等效电路模型可以是多种多样的。通常模型元件都具有相应的物理意义,而且等效电路模型的端口特性必须和器件实际测试的特性相一致。从物理角度来看,尽管 T 型和 π 型两种小信号等效电路模型的内部结构不一样,但是两个端口网络参数是等价的,所以它们的等效电路模型是可以相互转换的,转换关系如下[2-7]:

$$g_{mo} = \frac{\alpha_o}{R_{be}} \frac{\sqrt{1 + (\omega R_{be} C_{be})^2}}{\sqrt{1 + \left(\dfrac{\omega}{\omega_\alpha}\right)^2}} \tag{5.26}$$

$$\tau_\pi = \tau_T + \frac{1}{\omega}\left[\arctan \frac{\omega}{\omega_\alpha} - \arctan \omega R_{be} C_{be}\right] \tag{5.27}$$

$$C_\pi = C_{be} + g_{mo} \frac{\sin \omega\tau_\pi}{\omega} \tag{5.28}$$

$$R_\pi = \frac{R_{be}}{1 - g_{mo} R_{be} \cos \omega\tau_\pi} \tag{5.29}$$

值得注意的是,π 型模型中的元件是和频率不相关的,但是从 T 型模型元件直接计算得到 π 型模型元件是和频率相关的。因此,这两种模型从物理角度来看是不能完全等价的。

5.2　器件结构

图 5.3 给出了本章所用 HBT 器件的结构示意图和版图。器件采用分子束

外延技术在半绝缘衬底上生长,空气桥用于连接内部和外部的基极、集电极和发射极接触点,集电极由掺杂的多层 InGaAs 和 InP 构成。

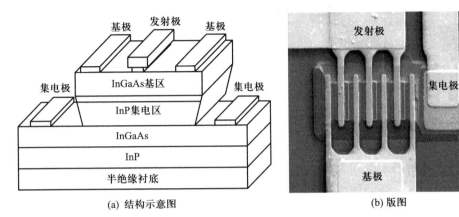

(a) 结构示意图　　　　　　　(b) 版图

图 5.3　InP/InGaAs/InP DHBT 器件结构

表 5.1 给出了 InP/InGaAs/InP DHBT 的外延结构参数[8,9]。

表 5.1　InP/InGaAs/InP DHBT 外延结构参数

物理层		厚度/nm	掺杂/cm^{-3}
InGaAs CAP		100	$n^+ = 2\times10^{19}$
InP CAP		60	$n^+ = 2\times10^{19}$
InP 发射极		90	$n = 3\times10^{17}$
InGaAs 基极		47	$p^+ = 2\times10^{19}$
集电极	InGaAs	40	$n^- = 5\times10^{15}$
	InGaAs	10	$p = 2\times10^{18}$
	InP	10	$n = 1\times10^{18}$
	InP	290	$n^- = 5\times10^{15}$
InP 子集电极		8	$n^+ = 5\times10^{18}$
InGaAs 子集电极		450	$n^+ = 5\times10^{18}$
InP 半绝缘衬底			

5.3　主要技术指标

5.3.1　Mason 单向功率增益

　　器件制作完成以后,通常需要比较一个重要的功率指标,即 Mason 单向功率增益,又称为 U 增益。1954 年,Mason 推导出了一个单向功率增益 U,可作为衡量器件性能的一个指标[10,11]。图 5.4 给出了半导体器件 U 增益示意图,通过无源输入输出共轭匹配网络和反馈网络,新构成的网络 N' 反馈系数 S'_{12} 为零(即网络无反馈),输入和输出端口反射系数同时为零。半导体器件 U 增益可以采用开路 Z 参数、短路 Y 参数和混合 H 参数来表示。

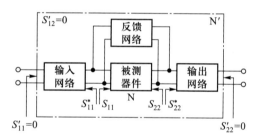

图 5.4　半导体器件 U 增益示意图

采用开路 Z 参数的 U 增益表达式为

$$U = \frac{|Z_{21} - Z_{12}|^2}{4[\operatorname{Re}(Z_{11})\operatorname{Re}(Z_{22}) - \operatorname{Re}(Z_{12})\operatorname{Re}(Z_{21})]} \tag{5.30}$$

采用短路 Y 参数的 U 增益表达式为

$$U = \frac{|Y_{21} - Y_{12}|^2}{4[\operatorname{Re}(Y_{11})\operatorname{Re}(Y_{22}) - \operatorname{Re}(Y_{12})\operatorname{Re}(Y_{21})]} \tag{5.31}$$

采用混合 H 参数的 U 增益表达式为

$$U = \frac{|H_{21} + H_{12}|^2}{4[\operatorname{Re}(H_{11})\operatorname{Re}(H_{22}) - \operatorname{Im}(H_{12})\operatorname{Im}(H_{21})]} \tag{5.32}$$

　　由式(5.30)~式(5.32)可以知道,在 U 增益公式中,开路 Z 参数和短路 Y 参数可以互换,而 H 参数则需要进行调整。

5.3.2 特征频率和最大振荡频率

特征频率 f_t 和最大振荡频率 f_{max} 是微波半导体器件的重要参数,由于特征频率 f_t 决定器件开关速度,最大振荡频率 f_{max} 决定功率增益能力,因此设计数字电路时需要着重考虑 f_t,设计 RF 功率电路时需要着重考虑 f_{max}。

通常来说,将测试的短路电流增益 $H_{21}(\omega)$ 和单边功率增益 $U(\omega)$ 外推可以分别获得 f_t 和 f_{max} 的值。但是由于测试误差的存在,$H_{21}(\omega)$ 和 $U(\omega)$ 的测量值随频率的波动较大;同时由于频率数轴通常采用对数形式表示,读取的 f_t 和 f_{max} 数值并不精准。因此,通过等效电路模型推导 f_t 和 f_{max} 的表达式来预测近似值很有必要。下面将推导 f_t 和 f_{max} 的计算表达式,并通过不同尺寸和不同材料的Ⅲ-Ⅴ族 HBT 器件验证其准确性[12]。

1. 简单的特征频率和最大振荡频率表达式

特征频率 f_t 定义为输出短路正向电流增益下降到单位增益时的频率,正向电流增益 h_{21} 定义为

$$h_{21} = \frac{Y_{21}}{Y_{11}} \tag{5.33}$$

忽略寄生参数的影响,即仅考虑器件本征部分,则正向电流增益 h_{21} 可以写为

$$|h_{21}| = \left| \frac{Y_{21}}{Y_{11}} \right| \approx \frac{g_{mo}}{2\pi f(C_\pi + C_\mu + C_{ex})} \tag{5.34}$$

当 $f = f_t$ 时,$|h_{21}| = 1$,可以得到特征频率 f_t 的近似表达式:

$$f_t \approx \frac{g_{mo}}{2\pi(C_\pi + C_\mu + C_{ex})} \tag{5.35}$$

最大振荡频率 f_{max} 定义为最大资用功率增益下降到单位增益时的频率,最大资用功率增益定义为[11]

$$G_{a,max} = \frac{|S_{21}|}{|S_{12}|}\left(k - \sqrt{k^2 - 1}\right) \tag{5.36}$$

这里 k 为稳定因子:

$$k = \frac{1 - |S_{11}|^2 - |S_{22}|^2 + |\Delta S|^2}{2|S_{12}S_{21}|} \tag{5.37}$$

$k = 1$ 时的最大资用功率称为最大稳定增益(Maximum Stable Gain,MSG),表达式为

$$G_{\mathrm{MSG}} = G_{a,\max} \mid_{k=1} = \frac{\mid S_{21} \mid}{\mid S_{12} \mid} \qquad (5.38)$$

G_{MSG} 是 $G_{a,\max}$ 所能达到的最大值。一个晶体管的增益系数 S_{21} 和反馈系数 S_{12} 可以决定它在放大器设计中能够提供的最大功率增益。

对于 HBT 器件,最大振荡频率 $f_{\max}$ 可以用下面简单的表达式来近似[13,14]:

$$f_{\max} = \sqrt{\frac{f_{\mathrm{t}}}{8\pi R_{\mathrm{bi}} C_{\mathrm{bc}}}} \qquad (5.39)$$

2. 精确的特征频率和最大振荡频率表达式

图 5.5 给出了用于推导 $H_{21}(\omega)$ 表达式的小信号等效电路模型示意图,可以看出在集电极与发射极短路的条件下,正向电流增益 $H_{21}(\omega)$ 可表示为

$$H_{21}(\omega) = \frac{i_{\mathrm{c}}(\omega)}{i_{\mathrm{b}}(\omega)} = \frac{i'_{\mathrm{c}}(\omega) + i_{\mathrm{ex}}(\omega)}{i'_{\mathrm{b}}(\omega) - i_{\mathrm{ex}}(\omega)} \qquad (5.40)$$

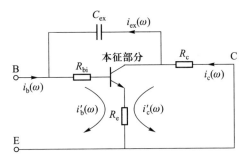

图 5.5　用于推导 $H_{21}(\omega)$ 表达式的小信号等效电路模型示意图

由于发射极寄生电阻 R_{e} 会影响 HBT 器件的电流增益,为了得到更好的高频性能,R_{e} 的阻值通常非常小,即当电流 $i'_{\mathrm{b}}(\omega)$ 和 $i'_{\mathrm{c}}(\omega)$ 流经电阻 R_{e} 时,电流损耗值可以忽略不计,与此同时 R_{e} 对于电流 $i_{\mathrm{ex}}(\omega)$ 的影响也可以忽略不计,所以通过公式(5.40)可以发现,对于整个网络来说,$H_{21}(\omega)$ 可以近似地看作是一个与 R_{e} 无关的量。

从计算 HBT 器件单向功率增益 $U(\omega)$ 和正向电流增益 $H_{21}(\omega)$ 的角度来看,电路模型可以在以下两个准则的基础上进行简化以降低计算的复杂程度:① 可以忽略寄生发射极电阻 R_{e} 的影响;② 寄生基极电阻 R_{bx} 可以被本征基极电阻 R_{bi} 吸收,即 $R^{\mathrm{t}}_{\mathrm{bi}} = R_{\mathrm{bx}} + R_{\mathrm{bi}}$。基于以上两个准则,图 5.6 给出了用于确定特征频率和最大振荡频率的简化 HBT 器件小信号等效电路模型。

图 5.6 中虚线部分的 Y 参数矩阵 $\boldsymbol{Y}^{\mathrm{I}}$ 可以表示为

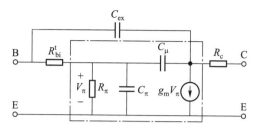

图 5.6 用于确定 f_{t} 和 $f_{\max}$ 的简化 HBT 器件小信号等效电路模型

$$Y_{11}^{\mathrm{I}} = \frac{1}{r_\pi} + \mathrm{j}\omega(C_\pi + C_\mu) \tag{5.41}$$

$$Y_{12}^{\mathrm{I}} = -\mathrm{j}\omega C_\mu \tag{5.42}$$

$$Y_{21}^{\mathrm{I}} = g_{\mathrm{mo}}\mathrm{e}^{-\mathrm{j}\omega\tau_\pi} - \mathrm{j}\omega C_\mu \tag{5.43}$$

$$Y_{22}^{\mathrm{I}} = \frac{1}{r_\mathrm{o}} + \mathrm{j}\omega C_\mu \tag{5.44}$$

串联本征基极电阻 $R_{\mathrm{bi}}^{\mathrm{t}}$ 且并联基极-集电极电容 C_{ex} 后,得到相应的 Y 参数矩阵 $\boldsymbol{Y}^{\mathrm{II}}$ 为

$$Y_{11}^{\mathrm{II}} = \frac{Y_{11}^{\mathrm{I}}}{1 + R_{\mathrm{bi}}^{\mathrm{t}}Y_{11}^{\mathrm{I}}} + \mathrm{j}\omega C_{\mathrm{ex}} \tag{5.45}$$

$$Y_{12}^{\mathrm{II}} = \frac{Y_{12}^{\mathrm{I}}}{1 + R_{\mathrm{bi}}^{\mathrm{t}}Y_{11}^{\mathrm{I}}} - \mathrm{j}\omega C_{\mathrm{ex}} \tag{5.46}$$

$$Y_{21}^{\mathrm{II}} = \frac{Y_{21}^{\mathrm{I}}}{1 + R_{\mathrm{bi}}^{\mathrm{t}}Y_{11}^{\mathrm{I}}} - \mathrm{j}\omega C_{\mathrm{ex}} \tag{5.47}$$

$$Y_{22}^{\mathrm{II}} = \frac{Y_{22}^{\mathrm{I}} + R_{\mathrm{bi}}\Delta Y^{\mathrm{I}}}{1 + R_{\mathrm{bi}}^{\mathrm{t}}Y_{11}^{\mathrm{I}}} + \mathrm{j}\omega C_{\mathrm{ex}} \tag{5.48}$$

在上述公式的基础上,考虑集电极寄生电阻 R_c 的影响,可以得到

$$Y_{11} = \frac{Y_{11}^{\mathrm{II}} + R_\mathrm{c}\Delta Y^{\mathrm{II}}}{1 + R_\mathrm{c}Y_{22}^{\mathrm{II}}} \tag{5.49}$$

$$Y_{12} = \frac{Y_{12}^{\mathrm{II}}}{1 + R_\mathrm{c}Y_{22}^{\mathrm{II}}} \tag{5.50}$$

$$Y_{21} = \frac{Y_{21}^{\mathrm{II}}}{1 + R_\mathrm{c}Y_{22}^{\mathrm{II}}} \tag{5.51}$$

$$Y_{22} = \frac{Y_{22}^{\mathrm{II}}}{1 + R_\mathrm{c}Y_{22}^{\mathrm{II}}} \tag{5.52}$$

根据 H 参数的基本定义,可以得到对应的正向电流增益 $H_{21}(\omega)$ 的表达式为

$$H_{21}(\omega) = \frac{Y_{21}}{Y_{11}} = \frac{Y_{21}^{\text{II}}}{Y_{11}^{\text{II}} + R_c \Delta Y^{\text{II}}} \tag{5.53}$$

忽略 ω 的高次项,可以得到电流增益 $H_{21}(\omega)$ 的近似表达式为

$$H_{21}(\omega) \approx \frac{g_{\text{mo}}}{1/R_\pi + j\omega(C_\pi + C_\mu + NC_{\text{ex}})} \tag{5.54}$$

其中, $N = 1 + R_{\text{bi}}^{\text{t}}/R_\pi + R_c g_{\text{mo}}$。

在输出短路条件下,正向电流增益 $H_{21}(\omega)$ 下降到单位增益时的频率即为器件的特征频率 f_{t},即当 $|H_{21}(\omega)| = 1$ 时,可以得到特征频率 f_{t} 的近似表达式:

$$f_{\text{t}} = \frac{\sqrt{g_{\text{mo}}^2 - 1/R_\pi^2}}{2\pi(C_\pi + C_\mu + NC_{\text{ex}})} \approx \frac{g_{\text{mo}}}{2\pi(C_\pi + C_\mu + NC_{\text{ex}})} \tag{5.55}$$

单向功率增益 $U(\omega)$ 的 Y 参数表达式为[16-18]

$$U(\omega) = \frac{|Y_{21} - Y_{12}|^2}{4[\text{Re}(Y_{11})\text{Re}(Y_{22}) - \text{Re}(Y_{12})\text{Re}(Y_{21})]} \tag{5.56}$$

根据式(5.41)~式(5.44),可以得到 $U(\omega)$ 的表达式为

$$U(\omega) = \frac{g_{\text{mo}}}{4\omega^2[R_{\text{bi}}^{\text{t}}C_\mu(C_\pi + C_\mu) + R_c M]} \tag{5.57}$$

其中, $M = (C_{\text{ex}} + C_\mu)(C_{\text{ex}} + C_\mu + g_m R_{\text{bi}} C_\mu)$。

从公式(5.57)中可以发现,在忽略寄生电阻 R_c 的影响后,单边功率增益 $U(\omega)$ 可以认为与电容 C_{ex} 无关。单向功率增益 $U(\omega)$ 下降到单位增益时的频率即为器件的最大振荡频率 f_{max},即当 $U(\omega) = 1$ 时,可以得到 f_{max} 的表达式:

$$f_{\text{max}} = \frac{1}{4\pi}\sqrt{\frac{g_{\text{mo}}}{R_{\text{bi}}^{\text{t}}C_\mu(C_\pi + C_\mu) + R_c M}} \tag{5.58}$$

可以发现 f_{max} 的频率由本征电容 C_π 和 C_μ 共同决定,而不仅仅取决于 C_μ。

当 $R_{\text{bx}} = R_c = 0$ 且 $C_{\text{ex}} = 0$ 时,最大振荡频率 f_{max} 与特征频率 f_{t} 的转换关系如下:

$$f_{\text{max}} = \sqrt{\frac{f_{\text{t}}}{8\pi R_{\text{bi}} C_\mu}} \tag{5.59}$$

在确定了 HBT 器件特征频率和最大振荡频率的表达式之后,下面分别利用 $3 \times 10~\mu\text{m}^2$ GaAs HBT 器件、$3 \times 3~\mu\text{m}^2$ 和 $5 \times 5~\mu\text{m}^2$ InP HBT 器件对特征频率和最大振荡频率确定方法进行验证与分析。

1. GaAs HBT 器件

表 5.2 给出了发射极面积为 $3 \times 10\ \mu m^2$ 的 GaAs HBT 在 $V_{ce} = 3$ V 和 I_b 在 10 μA ~ 50 μA 偏置情况下,模型参数 I_c、g_m、C_{ex}、C_{bc}、R_{bi}、C_π 和 R_π 的提取值。将参数提取值代入模型中,可以得到 0.1 GHz ~ 40 GHz 频率范围内模拟数据与测试数据 S 参数的对比曲线,如图 5.7 所示,可以看出 S 参数模拟数据与实测数据吻合得很好。

表 5.2　$3 \times 10\ \mu m^2$ GaAs HBT 本征模型参数提取值(偏置:$V_{ce} = 3$ V)

$I_b / \mu A$	10	20	30	40	50
I_c / mA	0.9	2.0	3.0	4.2	5.3
g_m / mS	28	55	80	110	140
C_{ex} / fF	10	10	10	10	10
C_{bc} / fF	16	12	11	10	9
R_{bi} / Ω	10	10	10	10	10
C_π / pF	0.24	0.34	0.46	0.58	0.77
R_π / Ω	3000	2000	1500	1000	850

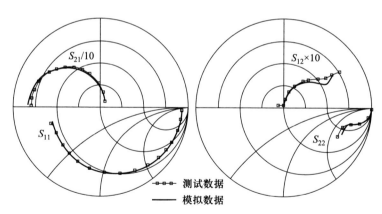

图 5.7　$3 \times 10\ \mu m^2$ GaAs HBT 器件模拟数据与测试数据 S 参数对比曲线

(偏置:$I_b = 40\ \mu A$,$V_{ce} = 3$ V)

图 5.8(a)给出了在 $V_{ce} = 3$ V 和 $I_b = 40\ \mu A$ 的偏置条件下,正向电流增益 $H_{21}(\omega)$ 随频率的变化曲线,可以看出 $H_{21}(\omega)$ 的模拟数据和测试数据在 0.1 GHz ~ 40 GHz 频率范围内均吻合得很好。单向功率增益 $U(\omega)$ 随频率的变化曲线如图 5.8(b)

所示,$U(\omega)$在 2 GHz 以上时模拟数据和测试数据吻合得很好,而在 0.1 GHz~ 2 GHz 频率范围内模拟数据与测试数据拟合欠佳。这是由于在低频范围内,较小的测量误差极易引起较大的波动。根据公式(5.57)中 $U(\omega)$ 的表达式,可以发现当频率较高时,ω^2 项主导表达式的分母,此时 $U(\omega)$ 增益的波动较小。

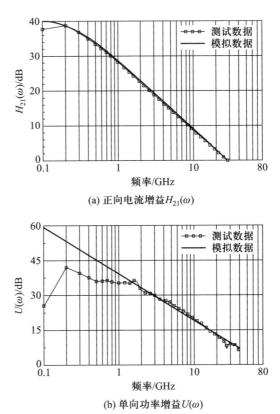

(a) 正向电流增益$H_{21}(\omega)$

(b) 单向功率增益$U(\omega)$

图 5.8 $3\times10\ \mu m^2$GaAs HBT 器件正向电流增益和单向功率增益模拟数据与测试数据对比曲线(偏置:$I_b=40\ \mu A, V_{ce}=3\ V$)

图 5.9 给出了在 $I_b=40\ \mu A$ 和 $V_{ce}=3\ V$ 的偏置情况下,特征频率f_t 和最大振荡频率f_{max}随集电极电流 I_c 的变化曲线,可以发现与传统计算方法[30,31]相比,所提出方法计算得到的 f_t 和 f_{max} 与测试数据吻合得更好。

2. InP HBT 器件

表 5.3 和表 5.4 分别给出了发射极面积为$3\times3\ \mu m^2$ 和$5\times5\ \mu m^2$ 的 InP HBT 器件[19,20]在不同偏置下的本征模型参数提取值。

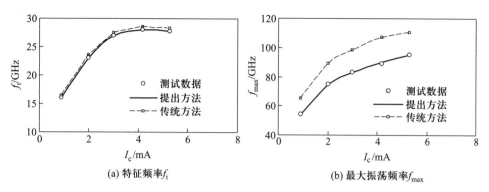

(a) 特征频率f_t　　　　　　　　　　(b) 最大振荡频率f_{max}

图 5.9　特征频率和最大振荡频率随集电极电流的变化曲线

（偏置：$I_b = 40\ \mu\mathrm{A}$，$V_{ce} = 3\ \mathrm{V}$）

表 5.3　$3\times3\ \mu\mathrm{m}^2$ InP HBT 器件本征模型参数（偏置：$V_{ce} = 1.5\ \mathrm{V}$）

$I_b/\mu\mathrm{A}$	50	100	150	200
I_c/mA	1.47	2.84	3.80	6.20
g_m/mS	52	95	129	170
C_{ex}/fF	23	22	22	22
C_{bc}/fF	4	4	4	4
R_{bi}/Ω	155	155	155	155
C_π/pF	0.09	0.11	0.14	0.19
R_π/Ω	800	500	385	250

表 5.4　$5\times5\ \mu\mathrm{m}^2$ InP HBT 器件本征模型参数（偏置：$V_{ce} = 2.5\ \mathrm{V}$）

$I_b/\mu\mathrm{A}$	20	40	60	80	100	120
I_c/mA	0.7	1.7	2.5	3.7	4.8	5.9
g_m/mS	28	63	103	142	180	220
C_{ex}/fF	40	40	40	40	40	40
C_{bc}/fF	12	11	10	9	9	9
R_{bi}/Ω	130	135	140	145	145	145
C_π/pF	0.15	0.19	0.24	0.28	0.32	0.35
R_π/Ω	1400	800	460	370	320	260

　　图 5.10 给出了不同偏置下发射极面积为 3×3 μm^2 和 5×5 μm^2 InP HBT 器件模拟数据与测试数据 S 参数的对比曲线,可以观察到模拟数据与测试数据 S 参数吻合得很好。

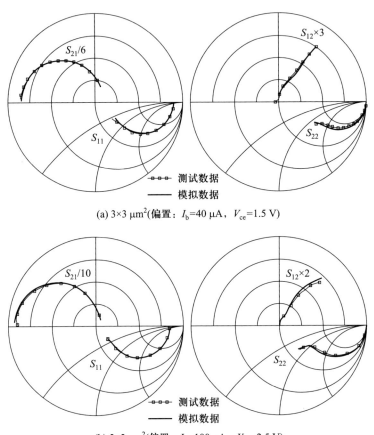

(a) 3×3 μm^2(偏置:$I_b = 40$ μA, $V_{ce} = 1.5$ V)

(b) 5×5 μm^2(偏置:$I_b = 100$ μA, $V_{ce} = 2.5$ V)

图 5.10　InP HBT 器件模拟数据与测试数据 S 参数对比曲线

(频率范围:0.1 GHz~40 GHz)

　　图 5.11 给出了上述两种器件对应的正向电流增益 $H_{21}(\omega)$ 和单向功率增益 $U(\omega)$ 随频率的变化曲线,可以发现 $H_{21}(\omega)$ 的模拟数据和测试数据吻合得很好。

　　图 5.12 和图 5.13 分别描绘了 3×3 μm^2 和 5×5 μm^2 InP HBT 器件特征频率 f_t 和最大振荡频率 f_{max} 随集电极电流 I_c 的变化曲线,可以发现所提出方法计算得到的器件 f_t 和 f_{max} 与测试数据吻合得很好。

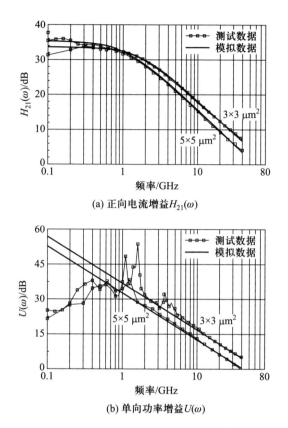

(a) 正向电流增益$H_{21}(\omega)$

(b) 单向功率增益$U(\omega)$

图 5.11　正向电流增益 $H_{21}(\omega)$ 和单向功率增益 $U(\omega)$ 随频率变化曲线

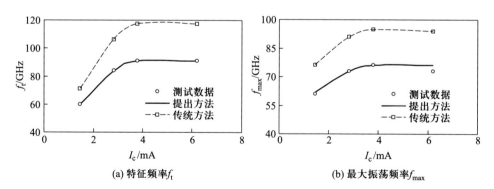

(a) 特征频率f_t

(b) 最大振荡频率f_{max}

图 5.12　$3{\times}3\ \mu m^2$ InP HBT 器件特征频率和最大振荡频率随集电极电流的
变化曲线(偏置: $I_b = 80\ \mu A, V_{ce} = 1.5\ V$)

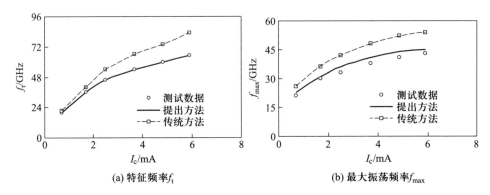

(a) 特征频率 f_t (b) 最大振荡频率 f_{max}

图 5.13   5×5 μm^2 InP HBT 器件特征频率和最大振荡频率随集电极电流的
变化曲线(偏置:I_b = 100 μA, V_{ce} = 2.5 V)

为了更好地说明所提出方法的准确性,将传统方法[15,16]与所提出方法计算得到的 f_t 和 f_{max} 进行比较。结果表明,对于不同发射极面积的 HBT 器件,所提出方法计算得到的 f_t 和 f_{max} 精度均远高于传统方法的计算结果。

5.4   本征元件提取方法

5.4.1   直接提取方法

确定所有寄生元件以后,使用下面的直接提取方法可以得到所有本征元件的数值[17-22]:

(1) 测试器件的 S 参数,并转化为 Y 参数。

(2) 削去焊盘电容的影响,计算式为

$$\boldsymbol{Y}_D' = \boldsymbol{Y}_D - \begin{bmatrix} \mathrm{j}\omega(C_{pb} + C_{pbc}) & -\mathrm{j}\omega C_{pbc} \\ -\mathrm{j}\omega C_{pbc} & \mathrm{j}\omega(C_{pc} + C_{pbc}) \end{bmatrix} \tag{5.60}$$

(3) 将得到的 Y 参数 $\boldsymbol{Y}_D'$ 转化为 $\boldsymbol{Z}_D'$ 参数,削去寄生电感和电阻的影响,得到本征部分的 Z 参数:

$$\boldsymbol{Z} = \boldsymbol{Z}_D' - \begin{bmatrix} (R_{bx} + R_e) + \mathrm{j}\omega(L_b + L_e) & R_e + \mathrm{j}\omega L_e \\ R_e + \mathrm{j}\omega L_e & (R_c + R_e) + \mathrm{j}\omega(L_c + L_e) \end{bmatrix}$$

$$\tag{5.61}$$

（4）按照下面的公式可以直接确定各个元件参数：

$$C_{bc} + C_{ex} = \frac{1}{\omega} \text{Im}\left(\frac{1}{Z_{22} - Z_{21}}\right) \tag{5.62}$$

$$C_{ex} = -\frac{1}{\omega} \frac{\text{Re}\left(\dfrac{1}{Z_{22} - Z_{21}}\right) \text{Re}\left(\dfrac{1}{Z_{11} - Z_{12}}\right)}{\text{Im}\left(\dfrac{1}{Z_{22} - Z_{21}}\right)} \tag{5.63}$$

$$R_{bi} = \frac{\text{Im}\left(\dfrac{1}{Z_{22} - Z_{21}}\right)}{\omega C_{bc} \text{Re}\left(\dfrac{1}{Z_{11} - Z_{12}}\right)} \tag{5.64}$$

$$\alpha_o = \left| \alpha(\omega) \right|_{\omega \to 0} = \left| \frac{Z_{12} - Z_{21}}{Z_{22} - Z_{21}} \right|_{\omega \to 0} \tag{5.65}$$

$$\omega_\alpha = \frac{\omega \left| \alpha(\omega) \right|}{\sqrt{\alpha_o^2 - \left| \alpha(\omega) \right|^2}} \tag{5.66}$$

$$\tau_T = -\frac{1}{\omega} \arctan\left(\frac{\text{Im}\left(\dfrac{Z_{12} - Z_{21}}{Z_{22} - Z_{21}}\right)}{\text{Re}\left(\dfrac{Z_{12} - Z_{21}}{Z_{22} - Z_{21}}\right)}\right) - \frac{1}{\omega} \arctan\frac{\omega}{\omega_\alpha} \tag{5.67}$$

$$R_{be} = \frac{1}{\text{Re}\left\{\dfrac{1}{Z_{12} - \dfrac{\left[1 - \alpha(\omega)\right] C_{ex} R_{bi}}{(C_{bc} + C_{ex}) + j\omega C_{bc} C_{ex} R_{bi}}}\right\}} \tag{5.68}$$

$$C_{be} = \frac{1}{\omega} \text{Im}\left\{\dfrac{1}{Z_{12} - \dfrac{\left[1 - \alpha(\omega)\right] C_{ex} R_{bi}}{(C_{bc} + C_{ex}) + j\omega C_{bc} C_{ex} R_{bi}}}\right\} \tag{5.69}$$

图 5.14 给出了共基极电流放大系数幅值 $\left| \alpha(\omega) \right|$ 随频率的变化曲线（$V_{CE} = 2\ \text{V}$），可以看到随着频率的增加，共基极电流放大系数幅值减小；随着基极注入电流的增加，共基极电流放大系数幅值在高频显著下降。

图 5.15 给出了低频共基极电流放大系数幅值 α_o 随基极电流 I_B 和集电极电压 V_{CE} 的变化曲线，可以看到，α_o 和 I_B、V_{CE} 基本无关，变化非常小。

图 5.16 给出了 3 dB 角频率 f_α 随频率变化曲线（$V_{CE} = 2\ \text{V}$），图 5.17 给出了 3 dB 角频率 f_α 随 I_B 和 V_{CE} 变化曲线，可以看到，3 dB 角频率 f_α 在低频下很难确

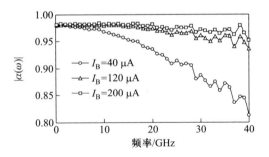

图 5.14   共基极电流放大系数幅值随频率变化曲线($V_{CE} = 2\ V$)

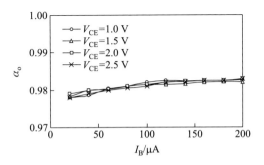

图 5.15   低频共基极电流放大系数幅值随 I_B 和 V_{CE} 变化曲线

定,必须在较高的频率范围下确定(通常频率需要大于 10 GHz);f_α 和集电极电压 V_{CE} 关系不大,仅和基极注入电流 I_B 相关,随着 I_B 的增加而显著增加。

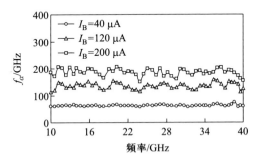

图 5.16   3dB 角频率 f_α 随频率变化曲线($V_{CE} = 2\ V$)

f_α 可利用 B-E 结电容 C_{be} 和动态电阻 R_{be} 来表示:

$$f_\alpha = \frac{1}{2\pi R_{be} C_{be}} \tag{5.70}$$

由于 R_{be} 随着 I_B 的增加快速下降,而 C_{be} 则随着 I_B 的增加缓慢增加,这也是

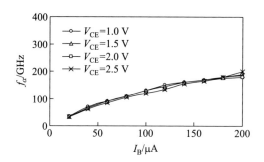

图 5.17　3 dB 角频率 f_α 随 I_B 和 V_{CE} 变化曲线

f_α 随着 I_B 的增加而显著增加的原因。

　　图 5.18 给出了时间延迟 τ 随频率的变化曲线（$V_{CE} = 2$ V），图 5.19 给出了时间延迟 τ 随 I_B 和 V_{CE} 的变化曲线，可以看到 τ 随着基极电流的增加而减小，而随着集电极电压的增加而增加。通过下面的分析可以获得相应的解释。

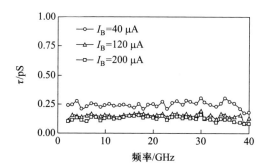

图 5.18　时间延迟 τ 随频率变化曲线（$V_{CE} = 2$ V）

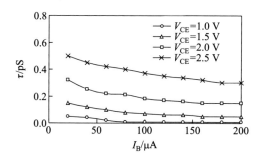

图 5.19　时间延迟 τ 随 I_B 和 V_{CE} 变化曲线

　　时间延迟 τ 可以用下面的经验公式来表示：

$$\tau = \frac{m\tau_{\mathrm{B}}}{1.2} + \frac{\tau_{\mathrm{c}}}{2} = \frac{m}{1.2\omega_{\alpha}} + \frac{W_{\mathrm{BC}}}{2v_{\mathrm{sat}}} \tag{5.71}$$

这里 τ_{B} 和 τ_{c} 分别为基极和集电极时间延迟，W_{BC} 为 B-C 结耗尽区宽度，v_{sat} 为高电场载流子迁移率，m 为经验参数。W_{BC} 随着集电极电压的增加而增加，ω_{α} 随着基极电流的增加而增加。

图 5.20 给出了 B-C 结外部电容 C_{ex} 在 $V_{\mathrm{CE}} = 2\,\mathrm{V}$ 情况下随频率和基极电流变化曲线，图 5.21 给出了 C_{ex} 随偏置电压 V_{CB} 变化曲线。可以看到 C_{ex} 和偏置电压相关，随着基极-集电极电压的增加而减小，这是 B-C 结耗尽区宽度增加的缘故。

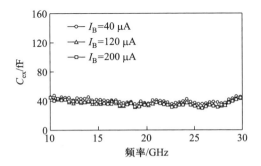

图 5.20　B-C 结外部电容 C_{ex} 随频率变化曲线（$V_{\mathrm{CE}} = 2\,\mathrm{V}$）

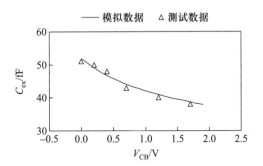

图 5.21　B-C 结外部电容 C_{ex} 随偏置电压变化曲线

值得注意的是，C_{ex} 和基极电流无关，因此 C_{ex} 可以利用通常反偏二极管的电容经验公式来拟合：

$$C_{\mathrm{ex}} = \frac{C_{\mathrm{jexo}}}{(1 + V_{\mathrm{cb}}/V_{\mathrm{jex}})^{m_{\mathrm{jex}}}} \tag{5.72}$$

其中，$V_{\mathrm{cb}} = V_{\mathrm{CB}} - I_{\mathrm{C}}R_{\mathrm{c}}$，$C_{\mathrm{jexo}}$ 为零偏置情况下的寄生 B-C 结电容，V_{jex} 为寄生 B-C 结内建电势，m_{jex} 为梯度因子。图 5.21 同时给出了模拟数据和测试数据，在这里模型参数为：$C_{\mathrm{jexo}} = 52\mathrm{fF}$，$m_{\mathrm{jex}} = 0.25$，$V_{\mathrm{jex}} = 0.75\,\mathrm{V}$。

图 5.22 给出了本征 B-C 结电容 C_{bc} 随频率变化曲线 ($V_{CE}=2\,\text{V}$),图 5.23 给出了本征 B-C 结电容 C_{bc} 随 I_B 和 V_{CE} 变化曲线,可以看到 C_{bc} 随着基极电流和集电极电压的增加而减小。

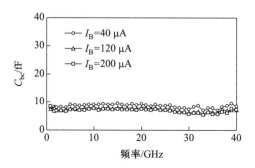

图 5.22 本征 B-C 结电容 C_{bc} 随频率变化曲线 ($V_{CE}=2\,\text{V}$)

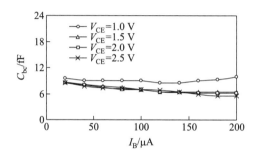

图 5.23 本征 B-C 结电容 C_{bc} 随 I_B 和 V_{CE} 变化曲线

图 5.24 给出了本征基极电阻 R_{bi} 随频率变化曲线 ($V_{CE}=2\,\text{V}$),在线性区域由于 B-E 结电压 V_{BE} 变化很小 ($0.65\,\text{V}\sim0.75\,\text{V}$),基极电阻 R_{bi} 近似呈现常数状态,但是从图 5.25 可以看出 R_{bi} 和 V_{BE} 是相关的,可以利用 V_{BE} 的三阶多项式来拟

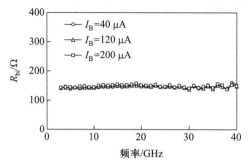

图 5.24 本征基极电阻 R_{bi} 随频率变化曲线 ($V_{CE}=2\,\text{V}$)

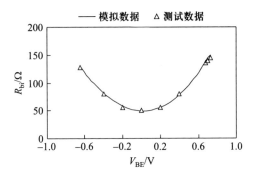

图 5.25　本征基极电阻 R_{bi} 随 V_{BE} 变化曲线

合上述特性:

$$R_{bi} = A_0 + A_1 \mid V_{be} \mid + A_2 V_{be}^2 + A_3 \mid V_{be}^3 \mid \qquad (5.73)$$

其中,$V_{be} = V_{BE} - (I_B R_{bx} + I_E R_e)$。图 5.25 中的多项式模型参数为:$A_0 = 49.3$,$A_1 = -6.5$,$A_2 = 192.67$,$A_3 = 14.7$。

图 5.26 和图 5.27 给出了本征 B-E 结动态电阻 R_{be} 随 I_B 和 V_{CE} 变化曲线,可以看出 R_{be} 仅和 I_B 有关,随着 I_B 的增加迅速减小。

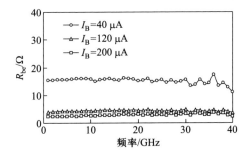

图 5.26　本征 B-E 结动态电阻 R_{be} 随频率变化曲线($V_{CE} = 2$ V)

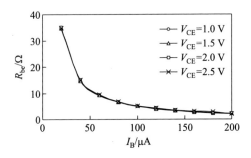

图 5.27　本征 B-E 结动态电阻 R_{be} 随 I_B 和 V_{CE} 变化曲线

图 5.28 和图 5.29 给出了本征 B-E 结电容 C_{be} 随 I_B 和 V_{CE} 变化曲线,C_{be} 仅和 I_B 有关,随着 I_B 的增加而增加。

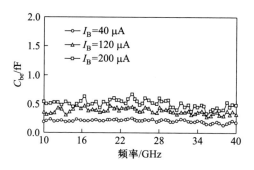

图 5.28 本征 B-E 结电容 C_{be} 随频率变化曲线($V_{CE} = 2$ V)

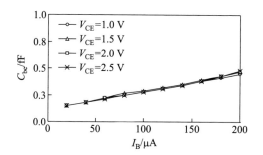

图 5.29 本征 B-E 结电容 C_{be} 随 I_B 和 V_{CE} 变化曲线

图 5.30 给出 H_{21} 模拟数据和测试数据的对比曲线,可以看到在基极电流为 40 μA 和 120 μA 的情况下,模拟数据和测试数据吻合得很好。

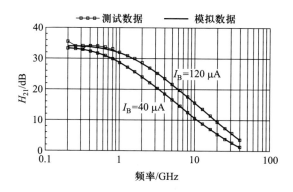

图 5.30 H_{21} 模拟数据和测试数据对比曲线

5.4.2 混合提取方法

异质结双极晶体管小信号模型存在不唯一性,并且 T 型和 π 型模型都可以直接从解析表达式中提取本征元件参数。在参数提取过程中,这些解析表达式通常被视为与频率无关,但是由于分析方法的局限性,所提取的元件参数随着频率的变化波动较大,因此还需要引入后续的优化过程,这不仅增加了参数提取的步骤,也会由于优化过程的不确定性而引入其他误差。

表 5.5 列出了 HBT 器件本征参数提取难度[23],可以发现虽然寄生和本征基极-集电极电容之和 $C_{ex}+C_{bc}$ 容易提取,但是由于 C_{ex} 和 C_{bc} 的提取值随着频率的变化波动较大,所以很难将 C_{ex} 或者 C_{bc} 从 $C_{ex}+C_{bc}$ 中分离出来。同理,虽然本征基极电阻 R_{bi} 和 C_{bc} 的乘积容易提取,但是很难将 R_{bi} 的值从中剥离出来。两种模型的基极-发射极电容 C_{be} 和 C_{π} 也很难通过分析方法提取出来。

表 5.5 HBT 器件本征参数提取难度

参数	T 型	π 型
$R_{bi}C_{bc}$	易	易
$C_{ex}+C_{bc}$	易	易
C_{bc}	中	中
C_{be}	难	—
R_{be}	中	—
α_o	易	—
f_α	易	—
τ_T	易	—
g_{mo}	—	中
τ_π	—	难
R_π	—	难
C_π	—	中

综上所述,通过 T 型和 π 型小信号等效电路模型分析方法难以精确地提取所有的模型参数。通常来说,分析方法只能作为后续优化过程的初步猜测,无法

直接得到非常精准的最终模型参数。在上述研究的基础上,我们提出了将 T 型和 π 型两种等效电路模型本征参数提取方法的优点结合起来的太赫兹本征模型参数提取方法,下面将详细介绍该方法的提取过程。

1. R_{be} 的提取过程

基极-发射极本征电阻 R_{be} 的表达式为

$$R_{be} = \frac{\eta kT}{qI_E} = \frac{\eta kT}{q(I_B + I_C)} = \frac{\eta V_t}{I_B + I_C} \tag{5.74}$$

根据公式(4.35),Z_{12} 的实部可以表示为

$$\mathrm{Re}(Z_{12}) \approx R_{be} + k \tag{5.75}$$

理想发射系数 η 可以通过 $\mathrm{Re}(Z_{12})$ 相对于 $1/(I_B+I_C)$ 的线性关系图确定,即 η 为线性关系图的斜率。

图 5.31 给出了频率为 1 GHz 时 $\mathrm{Re}(Z_{12})$ 与 $1/(I_B+I_C)$ 的线性关系图,通过该图可以求得理想发射系数 η 的值为 1.05,可以计算出 R_{be} 的数值,即

$$R_{be} \approx \mathrm{Re}(Z_{12}) - k \tag{5.76}$$

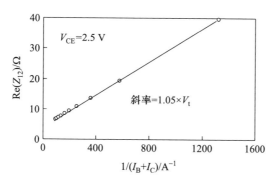

图 5.31 在 1 GHz 频率下,$\mathrm{Re}(Z_{12})$ 随 $1/(I_B+I_C)$ 的变化曲线

2. R_{bi} 和 α_0 的提取过程

图 5.32 给出了固定偏置条件下史密斯圆图中典型的 S 参数示意图,可以看出 S_{21} 曲线上的起点 A 和 S_{11} 曲线上的起点 B 均为实数,这些点对于确定小信号模型参数非常有用。图 5.33 给出了对应的低频状态下小信号等效电路模型。值得注意的是,所有电抗元件包括焊盘电容、馈线电感和本征电容在低频时可以忽略不计。

图 5.32 中 A 点和 B 点的 S 参数表达式分别为

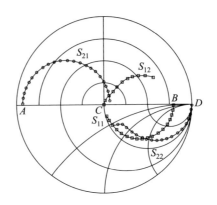

图 5.32   在固定偏置条件下史密斯圆图中典型的 S 参数示意图

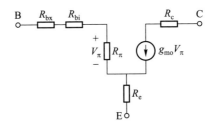

图 5.33   低频状态下小信号等效电路模型

$$S_{11}^A = \frac{R_t - Z_o}{R_t + Z_o} \tag{5.77}$$

$$S_{21}^B = \frac{-2g_{mo}R_\pi Z_o}{R_t + Z_o} \tag{5.78}$$

其中, Z_o 是特征阻抗(通常取 50Ω)。

总输入电阻 R_t 的表达式为

$$R_t = R_{bx} + R_{bi} + R_\pi + R_e + g_{mo}R_\pi R_e \tag{5.79}$$

总输入电阻 R_t 的值为

$$R_t = Z_o \frac{1 + S_{11}^A}{1 - S_{11}^A} \tag{5.80}$$

由公式(5.78)可以得到共发射极电流增益 β_o 的表达式为

$$\beta_o = g_{mo}R_\pi = -\frac{(R_t + Z_o)S_{21}^B}{2Z_o} \tag{5.81}$$

因此 β_o 可以通过低频时正向传输系数 S_{21} 直接确定。

共基极电流增益 α_o 和基极本征电阻 R_{bi} 的表达式为

$$\alpha_o = \frac{\beta_o}{1+\beta_o} \tag{5.82}$$

$$R_{bi} = Z_o \frac{1+S_{11}^A}{1-S_{11}^A} - R_{bx} - \frac{R_{be}}{1-\alpha_o} - (1+\beta_o)R_e \tag{5.83}$$

表 5.6 给出了传统方法与提出方法共基极电流增益 α_o 和基极本征电阻 R_{bi} 提取公式的比较,可以看出传统方法主要在低频段范围内通过 Z 参数的变换来提取,而提出方法主要是运用史密斯圆图的性质,通过 S_{11} 和 S_{21} 在中轴线上的数值进行运算来提取。

表 5.6 传统方法与提出方法 α_o 和 R_{bi} 提取公式比较

参数	传统方法	提出方法
α_o	$\alpha_o = \alpha(\omega)\Big\|_{\omega \to 0} = \left\|\frac{Z_{12}-Z_{21}}{Z_{22}-Z_{21}}\right\|_{\omega \to 0}$ 需要将 S 参数转换为 Z 参数	$\alpha_o = \frac{(R_t+Z_o)S_{21}^B}{(R_t+Z_o)S_{21}^B - 2Z_o}$ 不需要参数转换
R_{bi}	$R_{bi} = \dfrac{\mathrm{Im}\left(\dfrac{1}{Z_{22}-Z_{21}}\right)}{\omega C_{bc}\,\mathrm{Re}\left(\dfrac{1}{Z_{11}-Z_{12}}\right)}$ 假设 C_{bc} 已经确定	$R_{bi} = Z_o \dfrac{1+S_{11}^A}{1-S_{11}^A} - R_{bx} - \dfrac{R_{be}}{1-\alpha_o} - (1+\beta_o)R_e$ 不需要假设

在 $I_b = 100\ \mu\text{A}$ 和 $V_{ce} = 2.5\ \text{V}$ 的偏置下,传统模型和提出模型 α_o 和 R_{bi} 随频率变化的曲线如图 5.34 和图 5.35 所示,可以发现与传统方法相比,提出方法更加精准,α_o 和 R_{bi} 的提取值实现了与频率无关。综合上述公式和提取结果的比较可以发现,传统方法需要参数转换,并且需要假设部分参数值,同时运用的 Z 参数在测试过程中的误差也不可避免。而所提出方法很好地避免了上述问题,

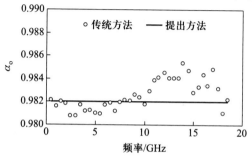

图 5.34 共基极电流增益 α_o 随频率变化曲线

提取过程更加简单,提取结果更加可靠。

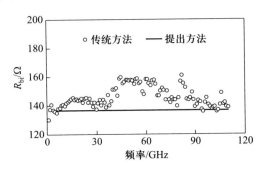

图 5.35   基极本征电阻 R_{bi} 随频率变化曲线

3. C_{ex} 和 C_{bc} 的提取过程

一旦确定了基极本征电阻 R_{bi} 的提取值,就可以利用 C_{bc} 和 R_{bi} 的乘积来提取 C_{bc}。表 5.7 给出了传统方法和提出方法的本征和寄生基极-发射极电阻 C_{bc} 以及 C_{ex} 提取公式的比较,可以发现提出方法中 C_{bc} 的提取不依赖于 C_{ex},这避免了 C_{ex} 在提取过程中,其值会随着频率有较大波动的影响。

表 5.7   传统方法与提出方法 C_{ex} 和 C_{bc} 提取公式比较

参数	传统方法	提出方法
C_{bc}	$C_{bc} = \dfrac{1}{\omega} \text{Im}\left(\dfrac{1}{Z_{22}-Z_{21}}\right) - C_{ex}$	$C_{bc} = \dfrac{\text{Im}\left(\dfrac{1}{Z_{22}-Z_{21}}\right)}{\omega R_{bi} \text{Re}\left(\dfrac{1}{Z_{11}-Z_{12}}\right)}$
C_{ex}	$C_{ex} = -\dfrac{1}{\omega} \dfrac{\text{Re}\left(\dfrac{1}{Z_{22}-Z_{21}}\right) \text{Re}\left(\dfrac{1}{Z_{11}-Z_{12}}\right)}{\text{Im}\left(\dfrac{1}{Z_{22}-Z_{21}}\right)}$	$C_{ex} = \dfrac{1}{\omega} \text{Im}\left(\dfrac{1}{Z_{22}-Z_{21}}\right) - C_{bc}$

图 5.36 和图 5.37 给出了在 $I_b = 100\ \mu\text{A}$ 和 $V_{ce} = 2.5\ \text{V}$ 的偏置下,传统方法和提出方法中参数 C_{bc} 和 C_{ex} 随频率变化的曲线。

可以发现运用传统方法提取 C_{ex} 和 C_{bc} 时,电容随频率波动较大,尤其是在毫米波频段,波动很大已经无法准确提取出元件值;而运用所提出方法提取 C_{ex} 和 C_{bc} 的曲线随频率变化的波动非常小,基本平稳,可以直接确定参数值,不再需要其他优化过程。

4. f_α 和 τ_T 的提取过程

时间延迟 τ_T 和 f_α 可以通过如下表达式计算得出:

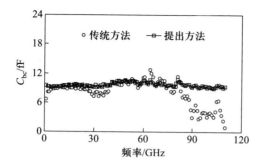

图 5.36 C_{bc} 随频率变化曲线

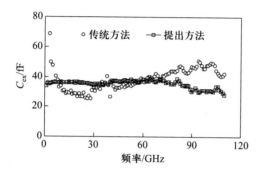

图 5.37 C_{ex} 随频率变化曲线

$$\tau_T = -\frac{1}{\omega}\arctan\left\{\frac{\mathrm{Im}[\alpha(\omega)]}{\mathrm{Re}[\alpha(\omega)]}\right\} - \frac{1}{\omega}\arctan\frac{\omega}{\omega_\alpha} \qquad (5.84)$$

$$f_\alpha = \frac{\omega|\alpha(\omega)|}{2\pi\sqrt{\alpha_o^2 - |\alpha(\omega)|^2}} \qquad (5.85)$$

图 5.38 给出了时间延迟 τ_T 和 f_α 随频率的变化曲线，可以发现参数提取值随频率的波动很小，曲线基本平稳，可以直接提取出对应的参数值。

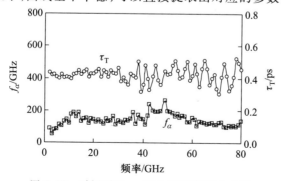

图 5.38 时间延迟 τ_T 和 f_α 随频率变化曲线

5. C_{be} 和 C_{π} 的提取过程

在固定偏置下,B-E 结正偏,传统的分析方法基极-发射极本征电容 C_{be}(或 C_{π})通常随频率波动较大,难以提取出准确的数值。

表 5.8 给出了传统方法与提出方法 C_{be} 和 C_{π} 提取公式的比较,传统方法 C_{be} 和 C_{π} 的提取公式非常复杂,依赖于 Z 参数或 Y 参数以及 C_{ex}、R_{bi} 和 C_{bc} 等多个元件的数值,任何一个元件提取误差都会直接影响提取结果。与传统方法相比,所提出方法的提取公式更加简单直观,易于提取且物理意义明确。

表 5.8　传统方法与提出方法 C_{be} 和 C_{π} 提取公式比较

参数	传统方法	提出方法
C_{be}	$C_{be} = \dfrac{1}{\omega} \text{Im}\left[\dfrac{1}{Z_{12} - \dfrac{(1-\alpha)C_{ex}R_{bi}}{(C_{bc}+C_{ex})+j\omega C_{bc}C_{ex}R_{bi}}} \right]$	$C_{be} = \dfrac{1}{2\pi R_{be} f_{\alpha}}$
C_{π}	$C_{\pi} = \dfrac{1}{\omega} \text{Im}\left[\dfrac{1+j\omega R_{bi}C_{bc}}{-R_{bi}+1/(Y_{12}+Y_{11})} \right]$	$C_{\pi} = C_{be} + g_{mo}\tau_{T}$

图 5.39 和图 5.40 给出了在 $I_{b}=100~\mu\text{A}$ 和 $V_{ce}=2.5~\text{V}$ 的偏置下,传统方法和提出方法提取基极-发射极本征电容 C_{be} 和 C_{π} 随频率变化的曲线,可以观察到与传统方法相比,C_{be} 的精度得到了极大的提高,C_{π} 的提取过程也更加简单且提取结果更加精准。

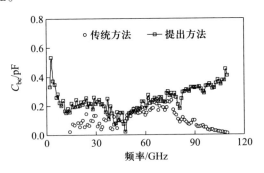

图 5.39　C_{be} 随频率变化曲线

6. g_{mo} 和 R_{π} 的提取过程

表 5.9 给出了传统方法与提出方法 g_{mo} 和 R_{π} 提取公式的比较,可以发现传统方法 g_{mo} 和 R_{π} 的提取公式非常烦琐,需要多个元件和测试数据。相比之下提出方法中 g_{mo} 和 R_{π} 的提取值仅由本征模型参数 α_{o} 和 R_{be} 两个参数决定。

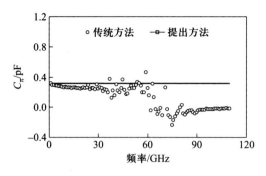

图 5.40 C_π 随频率变化曲线

表 5.9 传统方法和提出方法 g_{mo} 和 R_π 提取公式比较

参数	传统方法	提出方法
g_{mo}	$g_{mo} = \left| (Y_{21} - Y_{12}) \left[1 + R_{bi} (Y_\pi + j\omega C_{bc}) \right] \right|$	$g_{mo} = \dfrac{\alpha_o}{R_{be}}$
R_π	$R_\pi = 1/\mathrm{Re}\left[\dfrac{1 + j\omega R_{bi} C_{bc}}{-R_{bi} + 1/(Y_{12} + Y_{11})} \right]$	$R_\pi = \dfrac{R_{be}}{1 - \alpha_o}$

图 5.41 和图 5.42 分别给出了在 $I_b = 100\ \mu\mathrm{A}$ 和 $V_{ce} = 2.5\ \mathrm{V}$ 的偏置下,传统方法和提出方法所提取出的 g_{mo} 和 R_π 随频率变化的曲线。显而易见,传统方法提取出的 g_{mo} 和 R_π 随频率的波动较大,而所提出方法可以直接精准地确定 g_{mo} 和 R_π 的参数值。

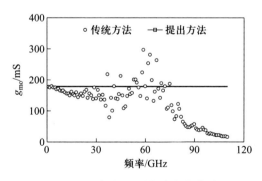

图 5.41 跨导 g_{mo} 随频率变化曲线

根据上述提取结果可以发现,所提出的混合参数提取方法结合了 T 型和 π 型小信号等效电路模型,所提取的参数准确度非常高且过程易于执行,特别是对于 C_{bc}、C_{ex} 和 R_{bi} 等参数的提取。

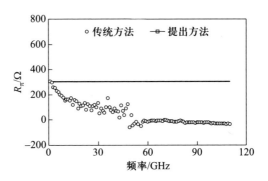

图 5.42 基极–发射极电阻 R_π 随频率变化曲线

为了验证提出方法模型参数提取的准确性,选用 5×5 μm^2 InP HBT 器件对其进行验证。表 5.10 列出了在 $I_b = 100$ μA 和 $V_{ce} = 2.5$ V 的偏置下本征模型参数的提取值。

表 5.10　本征模型参数提取值(偏置:$I_b = 100$ μA,$V_{ce} = 2.5$ V)

参数	提取值	参数	提取值
R_{bi}/Ω	136	τ_T/pS	0.4
C_{ex}/fF	36	g_{mo}/mS	179
C_{bc}/fF	9	τ_π/pS	0.4
C_{be}/fF	0.17	R_π/Ω	310
R_{be}/Ω	5.4	C_π/pF	0.31
α_o	0.982	f_α/GHz	125

图 5.43 展示了在 0.1 GHz ~ 110 GHz 频率范围内 S 参数模拟数据和测试数据的对比曲线,可以看出模拟数据和测试数据吻合得很好。图 5.44 给出了正向电流增益 H_{21} 随着频率的变化曲线,可以观察到模拟数据和测试数据拟合情况很好。

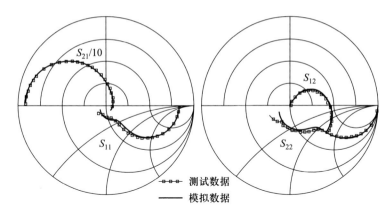

图 5.43 0.1 GHz～110 GHz 频率范围内 S 参数模拟数据与测试数据对比曲线
（偏置：$I_b = 100$ μA，$V_{ce} = 2.5$ V）

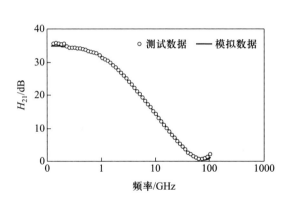

图 5.44 正向电流增益 H_{21} 随着频率的变化曲线

5.5 本章小结

　　本章首先介绍了 HBT 器件本征网络，对常用的 T 型和 π 型两种等效电路模型进行了对比分析，并给出了两种模型之间的转换关系；其次，基于等效电路模型推导了 HBT 器件特征频率和最大振荡频率的表达式；最后，在介绍本征元件直接提取方法的基础上，结合 T 型和 π 型模型的优势，介绍了一种混合提取方法。

参考文献

［1］　Wei C J , Huang C M. Direct extraction of equivalent circuit parameters for heterojunction bipolar transistor［J］. IEEE Trans. on Microwave Theory and Tech. ,1995,43(9):2035-2039.

［2］　Teeter D A , Curtice W R. Comparison of hybrid Pi and Tee HBT circuit topologies and their relationship to large signal modeling［C］. IEEE Microwave Symposium Digest, Denver,1997: 375-378.

［3］　Rudolph M , Doerner R , Heymann P , et al. Towards a unified method to implement transit-time effects in Pi-topology HBT compact models［C］. IEEE Microwave Symposium Digest, Seattle,2002:997-1000.

［4］　Tasker P J , Fernandez-Barciela M. HBT small signal T and π model extraction using a simple, robust and fully analytical procedure［C］. IEEE Microwave Symposium Digest, Seattle, 2002:2129-2132.

［5］　Dvorak M W , Bolognesi C R. On the accuracy of direct extraction of the heterojunction-bipolar-transistor equivalent-circuit model parameters C_π, C_{bc}, R_e ［J］. IEEE Trans. Microwave Theory Tech,2003,51(6):1640-1649.

［6］　Gao J , Li X , Wang H , et al. An improved analytical method for determination of small signal equivalent circuit model parameters for InP/InGaAs HBTs［J］. IEEE Proceedings Circuit, Device and System,2005,152(6) :661-666.

［7］　Das M B. High frequency performance limitations of millimeter-wave heterojunction bipolar transistor［J］. IEEE Trans. on Electron Device,1988,35(5):604-614.

［8］　Wang H , Ng G I, Zheng H, et al. Demonstration of Aluminum free metamorphic InP/ In0.53Ga0.47As/InP double heterojunction bipolar transistors on GaAs substrates［J］. IEEE Electron Device Letter,2000,21(9):379-381.

［9］　Wang H , Ng G I. Current Transient in polyimide-passivated InP/InGaAs heterojunction bipolar transistors:systematic experiments and physical model［J］. IEEE Trans. on Electron Devices,2000,47(12):2261-2269.

［10］　Mason S J. Power gain in feedback amplifiers［J］. IRE Trans. Circuit Theory,1954,CT-I (6):20-25.

［11］　Vickes H O. Comments on unilateral gain of heterojunction bipolar transistors at microwave frequencies［J］. IEEE Trans. on Electron Devices,1989,36(9):1861-1862.

［12］　Zhang A , Gao J. An approach to determine cutoff frequency and maximum oscillation frequency of common emitter heterojunction bipolar transistor［J］. International Journal of Numerical Modeling-Electronic Networks, Devices and Fields,2019,33(3):1-11.

[13] Chang K, Bahl I, Nair V. RF and Microwave Circuit and Component Design for Wireless
        Systems[M]. New York: John Wiley, 2002.

[14] Kurishima K. An analytical expression of f_{max} for HBT's[J]. IEEE Trans. on Electron De-
        vice, 1996, 43(12): 2074−2079.

[15] Wang H, Ng G I. Avalanche multiplication in InP/InGaAs double heterojunction bipolar
        transistors with composite collectors[J]. IEEE Trans. on Electron Devices, 2000, 47(6):
        1125−1133.

[16] Yang H, Wang H, Radhakrishnan K, et al. Thermal resistance of metamorphic InP-based
        HBTs on GaAs substrates using a linearly graded $In_xGa1-xP$ metamorphic buffer[J]. IEEE
        Trans. on Electron Devices, 2004, 51(8): 1221−1227.

[17] Schaper U, Holzapfl B. Analytic parameter extraction of the HBT equivalent circuit with
        T-like topology from measured S parameters[J]. IEEE Trans. on Microwave Theory and
        Tech., 1995, 43(3): 493−498.

[18] Pehlke D R, Pavlidis D. Evaluation of the factors determining HBT high-frequency perform-
        ance by direct analysis of S-parameter data[J]. IEEE Trans. on Microwave Theory and
        Tech., 1992, 40(12): 2367−2373.

[19] Lee S, Ryum B R, Kang S W. A new parameter extraction technique for small-signal equiva-
        lent circuit of polysilicon emitter bipolar transistors[J]. IEEE Trans. on Electron Devices,
        1994, 41(2): 233−238.

[20] Mrios J M, Lunardi L M, Chandrasekhar S, et al. A self-consistent method for complete small
        signal parameter extraction of InP-based heterojunction bipolar transistors (HBT's) [J].
        IEEE Trans. on Microwave Theory and Techniques, 1997, 45(1): 39−44.

[21] Spiegel S J, Ritter D, Hamm R A, et al. Extraction of the InP/GaInAs heterojunction bipolar
        transistors small signal equivalent circuit[J]. IEEE Trans. on Electron Devices, 1995, 42
        (6): 1059−1064.

[22] Ouslimani A, Gaubert J, Hafdallah H, et al. Direct extraction of linear HBT-model
        parameters using nine analytical expression blocks[J]. IEEE Trans. on Microwave Theory
        and Tech., 2002, 50(1): 218−221.

[23] Zhang A, Gao J, Wang H. Direct parameter extraction method for InP heterojunction bipolar
        transistors based on the combination of T- and π-models up to 110 GHz[J]. Semiconductor
        Science and Technology, 2020, 35(2): 1−7.

第6章　异质结晶体管大信号模型

　　微波集成电路计算机辅助设计(Computer Aided Design,CAD)的核心就是建立有源器件如二极管、场效应晶体管和异质结晶体管等和无源器件如电感、电容、电阻以及微带传输线和耦合线等的等效电路模型。有源器件的小信号等效电路模型对于理解器件物理结构和预测小信号 S 参数十分有用,但是却不能反映相应的射频大信号功率谐波特性和交调特性。一个完整的微波集成电路仿真软件需要包括线性和非线性两个部分,以及用于求解线性特性和非线性特性的分析优化工具[1]。图 6.1 给出了利用等效电路模型预测器件特性的微波 CAD 仿真软件结构示意图,可以看到无源器件的等效电路模型通常为线性模型,而有源器件的等效电路模型则包括线性模型和非线性模型,同时都还有噪声电路模型。利用电路模型仿真软件可以准确模拟器件的各种特性。

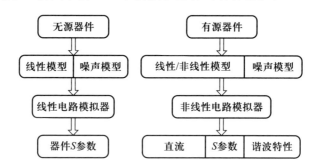

图 6.1　微波 CAD 仿真软件结构示意图

　　第 5 章介绍了异质结晶体管线性小信号等效电路模型的参数提取方法,本章在第 5 章的基础上讨论非线性等效电路模型的建模技术和相应的参数提取技术。在讨论非线性模型之前,我们首先介绍线性和非线性、大信号模型和小信号模型之间的关系,以及它们的定义;然后在此基础上介绍物理模型和经验模型的建模技术;最后介绍微波射频商用软件中常用的异质结晶体管非线性等效电路模型和相应的参数提取技术。

6.1 线性和非线性

对于理想的微波射频电路系统,输出信号和输入信号的功率呈现正比例关系,也就是通常所说的线性关系。然而对于大多数实际系统来说,其传输函数往往比较复杂,仅在一定条件下满足输出随输入呈现正比例关系,而在其他情况下则呈现非正比例关系,也就是通常所说的非线性关系。图 6.2 给出了线性器件和非线性器件输入信号和输出信号之间的关系曲线,也称为传输函数。

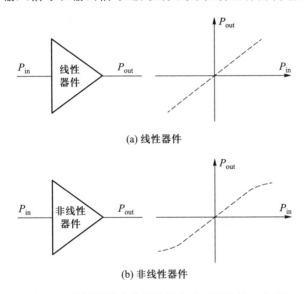

(a) 线性器件

(b) 非线性器件

图 6.2 线性器件和非线性器件功率输入输出曲线

之所以非线性器件的输入信号和输出信号呈现非线性传输函数关系,是因为微波射频器件内部存在非线性元件,这些非线性元件在输出端口会产生谐波分量(也称为谐波失真)。谐波失真是指输入为单频率信号波形,经过非线性电路和系统以后,输出信号中产生的新的频率分量,通常这些频率分量为基波频率的整数倍,n 次谐波即指频率为基波频率的 n 倍,其中最为重要的是二次谐波和三次谐波。图 6.3 给出了单频率信号波形输入信号经过线性系统及非线性系统后的输出示意图[2,3]。

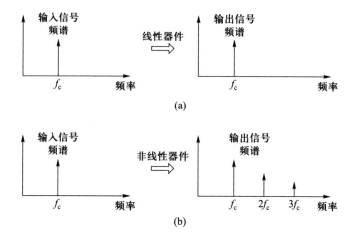

(a)

(b)

图 6.3　单频率波形输入信号经过线性系统及非线性系统后的输出示意图

6.2　大信号模型和小信号模型

　　大信号和小信号虽然指的是输入信号的幅度,但实际上是相对半导体器件的直流偏置而言的。当信号幅度和直流幅度相比很小,对器件的直流工作状态没有影响,也就是说在小信号状态下器件工作状态和直流情况下一致。当信号幅度和直流幅度相比较大,将影响器件的直流工作状态时,称之为大信号状态。下面举例说明大信号状态对半导体器件的影响。

　　假设双极半导体器件的输入信号为一个典型的电脉冲信号 I_B,如图 6.4 所示,高电平和低电平分别为 I_{Bmax} 和 I_{Bmin}(均可以和直流偏置电流 I_{BO} 比拟),由于传输的脉冲信号带宽从 DC 开始,因此电脉冲信号 I_B 将直接作用于器件而无需隔直电容,这样高电平和低电平将直接影响器件的直流工作状态,如图 6.5(a)所示。图 6.5(b)给出了大信号状态下双极半导体器件工作状态的变化,可以看到如果器件的原始直流工作点为 A 点,由于脉冲信号高低电平的影响,器件的

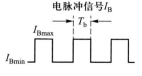

图 6.4　典型的电脉冲信号

工作点将会漂移到 B 点或者 C 点,这样器件由于外来信号的注入而改变了相应的稳定工作状态。

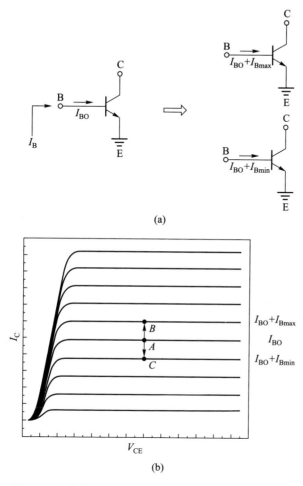

(a)

(b)

图 6.5 大信号状态下双极半导体器件工作状态的变化

能够模拟器件大信号工作状态的模型称为大信号模型,能够模拟器件小信号工作状态的模型称为小信号模型。表 6.1 给出了半导体器件模型功能对比,可以看出线性模型、非线性模型、小信号模型和大信号模型之间的关系:非线性模型和大信号模型功能完全一致,可以认为两者一致;而小信号模型和线性模型功能并不完全一致,小信号模型既可以是线性模型也可以是非线性模型,从这一点上来说,线性模型是小信号模型的一个组成部分。

表 6.1　半导体器件模型功能对比

模型	偏置相关	DC 特性	S 参数	谐波特性	瞬态响应
线性模型	×	×	√	×	×
非线性模型	√	√	√	√	√
小信号模型	√	×	√	√	×
大信号模型	√	√	√	√	√

6.3　半导体器件的热阻

　　功率半导体器件的热特性是衡量半导体器件质量的一个重要标志,它可以确定半导体器件的安全工作范围和预测器件的可靠性[4-6]。功率器件半导体厂商通常需要给出器件的热阻和最高安全工作结温等指标,以给出器件的稳定工作范围。电路的热特性对于制造商和用户同样重要,半导体晶体管耗散的能量会使晶体管内部的温度逐渐升高,将比周围的环境温度高出很多,它会限制半导体器件和所构成的集成电路的稳定性和寿命。当一个双极晶体管开始工作时,它消耗的功率为流过集电极的电流和加在集电极两端的电压之积,集电极结从发热开始到消耗掉全部提供给它的能量,器件工作达到平衡,能量由电能转化为热能散布到周围的环境中[7-15]。

6.3.1　热阻定义

　　半导体晶体管的热阻定义如下:

$$R_{th} = \frac{T_j - T_a}{P_{diss}}\qquad(6.1)$$

其中,R_{th} 表示结温和环境温度之间的热阻,单位为 ℃/W;P_{diss} 表示消耗的功率;T_j 表示结温;T_a 表示环境温度。

　　从上面的定义可以看到,半导体晶体管的热阻是器件将热能从本身耗散到环境中的能力,较低的热阻将会使得器件工作在较低的温度而延长其寿命,而较高的热阻将会使得器件工作在较高的温度而使器件加快失效。热阻和器件的偏置状态相关,对于双极器件来说,热阻和集电极电流和集电极电压相关,值得注意的是,我们假设热阻在空间分布上是均匀的。为了使半导体晶体管内的热量迅速散发出去,功率晶体管在封装时会含有热沉层(也称为散热片)。

图 6.6 给出了半导体结热的分布[7],当没有热沉层时,半导体结通过空气向周围辐射;而如果有热沉层,那么热量将在散发到空气中之前传导到热沉层,热沉层增加了有效功率耗散的面积,可快速将热量从半导体器件传输出去。因此采用热沉层将会使器件工作在较高的功率水平,并且会降低器件的热阻。

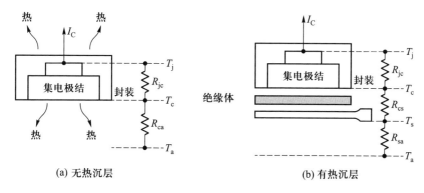

(a) 无热沉层　　　　　　　　　(b) 有热沉层

图 6.6　半导体结热的分布

假设半导体结到管壳之间的热阻为 R_{jc},管壳和外界之间的热阻为 R_{ca},则没有热沉层时器件总的热阻为

$$R_{th} = \frac{T_j - T_a}{P_{diss}} = \frac{T_j - T_c}{P_{diss}} + \frac{T_c - T_a}{P_{diss}} = R_{jc} + R_{ca} \qquad (6.2)$$

固体热传导的时变方程可以表示为[8,9]:

$$\nabla^2 T = \frac{\rho C_p}{k} \cdot \frac{\partial T}{\partial t} \qquad (6.3)$$

其中,T 为温度,单位 ℃;t 为时间,单位 s;ρ 为物体质量密度,单位 g/cm^3;C_p 为材料热容量,单位 $J/(g \cdot ℃)$;k 为材料热导率,单位 $W/(cm \cdot ℃)$。

热扩散率是经常使用的一个热参数,其定义为 $K = k/\rho C_p$,单位 cm^2/s。表 6.2 给出了常用的半导体材料如锗(Ge)、硅(Si)和砷化钾(GaAs)的热参数,从表中可以看到材料 Ge 和 GaAs 的热参数基本相当,而 Si 材料的热导率明显大于 Ge 和 GaAs 材料。

表 6.2　常用材料热参数

参数	Ge	Si	GaAs
$\rho/(g \cdot cm^{-3})$	5.33	2.33	5.32
$C_p/(J \cdot g^{-1} \cdot ℃^{-1})$	0.32	0.70	0.35

续表

参数	Ge	Si	GaAs
$k/(\mathrm{W \cdot cm^{-1} \cdot ℃^{-1}})$	0.59	1.46	0.46
$K/(\mathrm{cm^2 \cdot s^{-1}})$	0.34	0.90	0.24

将公式(6.3)在三维空间展开,有

$$\frac{\partial^2 T}{\partial x^2} + \frac{\partial^2 T}{\partial y^2} + \frac{\partial^2 T}{\partial z^2} = \frac{\rho C_\mathrm{p}}{k} \cdot \frac{\partial T}{\partial t} \qquad (6.4)$$

上述方程可以直接利用数值方法进行求解,以得到器件的热特性,这种方法称为物理模型。物理模型是一种基于器件物理结构、几何尺寸以及器件物理方程的模型,通过求解器件的物理方程来得到器件的各种特性,如小信号和大信号特性等。物理模型的特点是基于基本的器件物理原理,优点是可以直接指导器件的制作并预测器件的物理特性,是所有模型中精度最高的模型;缺点是很难和微波电路模拟软件兼容,主要原因有以下两点:

(1)物理模型需要用到数值方法求解基本物理方程,数值方法如有限时间域差分和有边界法等,通常只限于求解 DC 特性,如果需要 S 参数和大信号特性,则需要特殊的软件和相当长的计算时间。

(2)物理模型只能计算有限的区域,主要是有源区,而对于在微波高频越来越重要的寄生元件如 PAD 电容和引线电感等却不适用,和微波电路模拟软件无法兼容。

为了解决上述物理模型的局限性,最好的选择是将物理模型转化为可以和微波电路模拟软件相兼容的等效电路模型。等效电路模型是指模型全部由线性元件、非线性元件和受控源组成,这些元件是微波电路模拟软件的核心部分。常用的微波电路模拟软件如 Agilen ADS 和 SPICE 等均含有功率器件非线性模型,可以直接获得器件的直流和大信号特性,但是如果需要获得热效应,则需要构建热效应的等效电路模型。图 6.7 给出了一个包括热效应的功率器件等效电路模

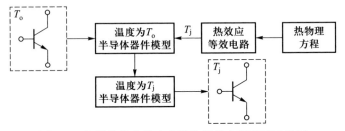

图 6.7 包括热效应的功率器件等效电路模型示意图

型示意图,首先将三维热效应物理方程简化为单维热方程,然后利用电路模拟软件对该方程进行求解,最后获得半导体结温度变化,进而和原有的器件模型相结合,得到含有热效应的器件非线性模型。

为了利用等效电路模型来求解热方程,需要将立体热传导模型简化为一维热传导模型[10],如图 6.8 所示,仅考虑最重要的热传导方向。这样热方程(6.4)可以简化为

$$\frac{\partial^2 T}{\partial x^2} = \frac{\rho C_p}{k} \cdot \frac{\partial T}{\partial t} \tag{6.5}$$

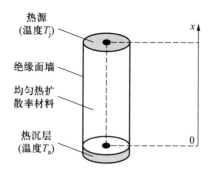

图 6.8 功率器件一维热传导模型

耗散功率可以表示为

$$P_{diss} = kA \cdot \frac{\partial T}{\partial x} \tag{6.6}$$

这里 A 为热源的面积。

6.3.2 等效电路模型

从公式(6.5)可以发现,它的形式和微波传输线方程非常类似,可以借助微波传输线电报方程的等效电路模型来获得器件的热特性。

1. 微波传输线的等效电路模型

图 6.9 给出了理想均匀传输线 Δx 长度的等效电路模型,图中各个变量定义如下:

R——单位长度串联电阻,单位 Ω/cm;

C——单位长度并联电容,单位 pF/cm;

L——单位长度串联电感,单位 pH/cm;

G——单位长度并联电导,单位 mS/cm。

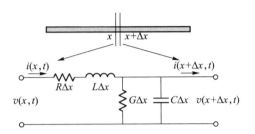

$$图 6.9\quad 理想均匀传输线等效电路模型$$

根据基尔霍夫定律,有如下关系:

$$v(x,t) - v(x + \Delta x, t) = R\Delta x \cdot i(x,t) + L\Delta x \cdot \frac{\partial i(x,t)}{\partial t} \tag{6.7}$$

$$i(x,t) - i(x + \Delta x, t) = G\Delta x \cdot v(x,t) + C\Delta x \cdot \frac{\partial v(x,t)}{\partial t} \tag{6.8}$$

将方程(6.7)和方程(6.8)两边同时除以 Δx,并使 $\Delta x \to 0$,可以得到如下方程:

$$\frac{\partial v(x,t)}{\partial x} = -\left.\frac{v(x,t) - v(x + \Delta x, t)}{\partial x}\right|_{\Delta x \to 0} = -\left[Ri(x,t) + L\frac{\partial i(x,t)}{\partial t} \right] \tag{6.9}$$

$$\frac{\partial i(x,t)}{\partial x} = -\left.\frac{i(x,t) - i(x + \Delta x, t)}{\partial x}\right|_{\Delta x \to 0} = -\left[Gv(x,t) + C\frac{\partial v(x,t)}{\partial t} \right] \tag{6.10}$$

假设 L 和 G 为 0,则有

$$\frac{\partial v(x,t)}{\partial x} = -Ri(x,t) \tag{6.11}$$

$$\frac{\partial i(x,t)}{\partial x} = -C\frac{\partial v(x,t)}{\partial t} \tag{6.12}$$

将式(6.11)微分,再联立式(6.12),可以得到

$$\frac{\partial v^2(x,t)}{\partial x^2} = RC\frac{\partial v(x,t)}{\partial t} \tag{6.13}$$

对比公式(6.13)和公式(6.5)可以发现,两者在形式上一致,因此可以建立温度和电压之间的一一对应关系。这样,R 和 C 可以表示为

$$R = \frac{1}{kA} \tag{6.14}$$

$$C = \rho C_\mathrm{p} A \tag{6.15}$$

令传输线长度为 Δx,上述电阻和电容在热等效电路中可以称为热阻和

热容：

$$R_{th} = \frac{\Delta x}{kA} \tag{6.16}$$

$$C_{th} = \rho C_p A / \Delta x \tag{6.17}$$

半导体器件的热容可定义为吸收的热量 Q 和器件温度的变化值之比：

$$C_{th} = \frac{Q}{T_2 - T_1} \tag{6.18}$$

热量 Q 的单位为 J，则热容的单位为 J/℃。

2. 热等效电路模型

从上述公式可以看出，只要微波传输线的单位长度电阻和电容分别为 $1/kA$ 和 $\rho C_p A$，则该微波传输线可以用来求解热特性方程，激励电流源为电路耗散功率，节点电压为温度变量。

表 6.3 给出了电路模型参数和热参数之间的关系，如电阻和热阻相对应，电容和热容相对应，电压和温度相对应，这样的一一对应关系构成求解热特性的等效电路模型。

表 6.3 电路模型参数和热参数之间的关系

电路模型参数	符号	单位	热参数	符号	单位
电阻	R	Ω	热阻	R_{th}	℃/W
电容	C	F	热容	C_{th}	J/℃
电压	V	V	温度	T	℃
电流	I	A	功耗	P	W
电导率	ρ	Ω/cm^2	热导率	k	W/(cm·℃)
电荷	q	C	热量	Q	J

图 6.10 给出了基于传输线理论的热等效电路模型，可以看到热等效电路模型由多个 RC 单元网络构成，在实际应用过程中可以简化为一个单元。但是对于多层结构的半导体器件，不同层之间的热阻不同，则需要多个单元，每个单元

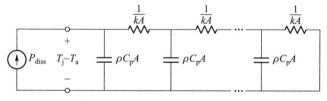

图 6.10 基于传输线理论的热等效电路模型

的热阻和热容不再一致,可根据实际情况确定单元个数。

图 6.11 给出了多层结构的半导体器件热等效电路模型(并联模型)。由于层与层之间的热阻不同,因此需要确定多个热阻数值,相应的热响应函数为

$$Z_{th} = \cfrac{1}{j\omega C_{th1} + \cfrac{1}{R_{th1} + \cfrac{1}{j\omega C_{th2} + \cfrac{1}{\cfrac{1}{R_{th2}} + \cdots}}}} \tag{6.19}$$

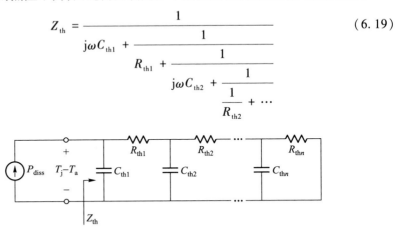

图 6.11 多层结构的半导体器件热等效电路模型

图 6.12 给出了一个和图 6.11 等价的热等效电路模型,其形式为串联模型,该模型虽然不具有并联模型的物理意义,但是由于函数功能一致,因此在实际电路设计过程中也可以应用。

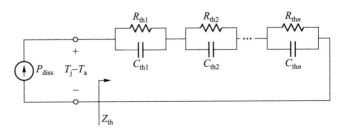

图 6.12 串联热等效电路模型

6.4 常用的 HBT 模型

在电路模拟软件 SPICE 中,Gummel-Poon 模型(SGP)是最常用的 BJT 模型,但是对于 HBT 器件来说,SGP 模型无论从精度上还是从等效电路模型的结构上都需要改进[16-20]。在建立等效电路模型方面,HBT 与 BJT 最重要的区别包

括:由热阻引起的自热效应、基极电阻的分布效应、基极-集电极电容的分布效应、静态 Kink 效应及随温度变化的热效应。

下面分别介绍几种常用的 HBT 非线性模型,包括 VBIC 模型、Agilent HBT 模型和修正的 SGP 模型[21-25]。

6.4.1 VBIC 模型

VBIC(Vertical Bipolar Inter-Company)模型是美国一些集成电路设计公司联合开发的应用模型[21],它的主要特点是由两个双极晶体管构成,一个为本征晶体管,另一个为寄生晶体管,这两个晶体管构成的电路模型含有 4 个端子:基极、集电极、发射极和衬底,本征晶体管和寄生晶体管为互补型晶体管。VBIC 模型结构如图 6.13 所示。

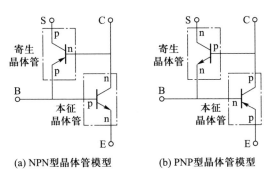

(a) NPN型晶体管模型   (b) PNP型晶体管模型

图 6.13 VBIC 模型结构

图 6.14 给出了 NPN 晶体管 VBIC 模型,虽然本征晶体管和寄生晶体管的等效电路模型和 SGP 模型基本一致,但是计算公式不同,最主要的原因是集电极-发射极电流和基极-发射极二极管电流以及基极-集电极二极管电流无关,是一个独立的电流源。另外值得注意的是,VBIC 模型采用的热模型是一阶 RC 网络模型。

1. 本征晶体管模型

对于本征晶体管,集电极-发射极电流 I_{CC} 可以表示为

$$I_{CC} = I_{ce} - I_{ec} \tag{6.20}$$

这里,I_{ce} 和 I_{ec} 分别为集电极-发射极结的正向电流和反向电流:

$$I_{ce} = \frac{I_S}{q_b} [\exp(qV_{bei}/\eta_f kT) - 1] \tag{6.21}$$

$$I_{ec} = \frac{I_S}{q_b} [\exp(qV_{bci}/\eta_r kT) - 1] \tag{6.22}$$

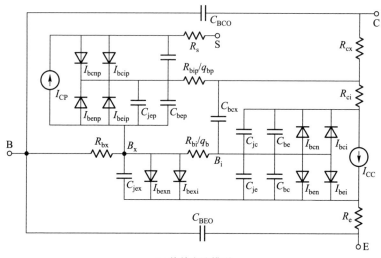

(a) 等效电路模型

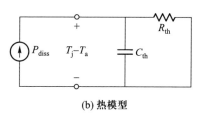

(b) 热模型

图 6.14 NPN 晶体管 VBIC 模型

这里 I_S 为传输饱和电流, η_f 和 η_r 分别表示正向电流发射系数和反向电流发射系数, q_b 为归一化基极电荷, 表达式为

$$q_b = \frac{q_1}{2} + \sqrt{\left(\frac{q_1}{2}\right)^2 + q_2} \tag{6.23}$$

这里,

$$q_1 = 1 + \frac{q_{je}}{V_{ER}} + \frac{q_{jc}}{V_{EF}}$$

$$q_2 = \frac{I_S}{I_{kf}} [\exp(qV_{bei}/\eta_f kT) - 1] + \frac{I_S}{I_{kr}} [\exp(qV_{bci}/\eta_r kT) - 1]$$

式中, V_{EF} 和 V_{ER} 分别表示正向 Early 电压和反向 Early 电压; I_{kf} 和 I_{kr} 分别表示正向和反向共发射极增益下降的拐角电流; q_{je} 和 q_{jc} 为归一化电荷, 表达式为

$$q_{je} = \frac{P_{je}}{1 - M_{je}} \left[1 - \left(1 - \frac{V_{je}}{P_{je}} \right)^{1 - M_{je}} \right] \quad (6.24)$$

$$q_{jc} = \frac{P_{jc}}{1 - M_{jc}} \left[1 - \left(1 - \frac{V_{jc}}{P_{jc}} \right)^{1 - M_{jc}} \right] \quad (6.25)$$

其中,M_{je} 和 M_{jc} 为电容指数因子,一般情况下为 0.5;P_{je} 和 P_{jc} 为电容电势因子,用来拟合电容变化趋势。

本征晶体管 B-E 结总的电流可以表示为

$$
\begin{aligned}
I_{be} &= (I_{ben} + I_{bexn}) + (I_{bei} + I_{bexi}) \\
&= I_{BEN} [\exp(qV_{bei}/\eta_{en}kT) - 1] + I_{BEI} [\exp(qV_{bei}/\eta_{ei}kT) - 1] \quad (6.26)
\end{aligned}
$$

其中,I_{BEN} 和 η_{en} 分别为非理想 B-E 结饱和电流和发射因子,I_{BEI} 和 η_{ei} 分别为理想 B-E 结饱和电流和发射因子。

本征晶体管 B-C 结总的电流可以表示为

$$
\begin{aligned}
I_{bc} &= I_{bcn} + I_{bci} \\
&= I_{BCN} [\exp(qV_{bci}/\eta_{cn}kT) - 1] + I_{BCI} [\exp(qV_{bci}/\eta_{ci}kT) - 1] \quad (6.27)
\end{aligned}
$$

其中,I_{BCN} 和 η_{cn} 分别为非理想 B-C 结饱和电流和发射因子,I_{BCI} 和 η_{ci} 分别为理想 B-C 结饱和电流和发射因子。

B-E 结和 B-C 结空间电荷区电容可以表示为

$$C_{je} = \frac{C_{jeo}}{\left(1 - \dfrac{V_{bei}}{P_{je}} \right)^{M_{je}}} \quad (6.28)$$

$$C_{jc} = \frac{C_{jco}}{\left(1 - \dfrac{V_{bci}}{P_{jc}} \right)^{M_{jc}}} \quad (6.29)$$

其中 C_{jeo} 和 C_{jco} 分别为零偏情况下的 B-E 和 B-C 结空间电荷区电容。

B-E 结和 B-C 结空间电荷可以表示为

$$Q_{je} = C_{jeo} q_{je} \quad (6.30)$$

$$Q_{jc} = C_{jco} q_{jc} \quad (6.31)$$

B-E 结和 B-C 结扩散电容形成的电荷可以表示为

$$Q_{be} = T_f I_f \quad (6.32)$$

$$Q_{bc} = T_r I_r \quad (6.33)$$

其中,T_f 和 T_r 分别为正向渡越时间和反向渡越时间,I_f 和 I_r 分别为正向电流和反向电流。

2. 寄生晶体管模型

对于寄生晶体管,集电极-发射极电流 I_{CP} 可以表示为

$$I_{CP} = \frac{I_{tfp} - I_{trp}}{q_{bp}} \qquad (6.34)$$

其中,q_{bp} 为归一化寄生晶体管基极电荷,I_{tfp} 和 I_{trp} 分别为 PNP 晶体管集电极-发射极结正向电流和反向电流:

$$I_{tfp} = I_{sp}\{[W_{sp}[\exp(qV_{bep}/\eta_{fp}kT) - 1] + (1 - W_{sp})[\exp(qV_{bci}/\eta_{fp}kT) - 1]\} \qquad (6.35)$$

$$I_{trp} = I_{sp}[\exp(qV_{bcp}/\eta_{fp}kT) - 1] \qquad (6.36)$$

寄生晶体管 B-E 结总的电流可以表示为

$$I_{bep} = I_{benp}[\exp(qV_{bep}/\eta_{cn}kT) - 1] + I_{beip}[\exp(qV_{bep}/\eta_{ci}kT) - 1] \qquad (6.37)$$

其中,I_{benp} 和 η_{cn} 分别为非理想 B-E 结饱和电流和发射因子,I_{beip} 和 η_{ci} 分别为理想 B-E 结饱和电流和发射因子,W_{sp} 为比例因子。值得注意的是,由于寄生晶体管的 B-E 结和本征晶体管的 B-C 结是一致的,因此发射因子 η_{cn} 和 η_{ci} 可以再次使用。

寄生晶体管 B-C 结总的电流可以表示为

$$I_{bcp} = I_{bcip}[\exp(qV_{bcp}/\eta_{ncip}kT) - 1] + I_{bcnp}[\exp(qV_{bcp}/\eta_{ncnp}kT) - 1] \qquad (6.38)$$

其中,I_{bcnp} 和 η_{ncnp} 分别为寄生晶体管非理想 B-C 结饱和电流和发射因子,I_{bcip} 和 η_{ncip} 分别为寄生晶体管理想 B-C 结饱和电流和发射因子。

3. 电阻模型

在 VBIC 电路模型中,基极寄生电阻和集电极寄生电阻采用分布形式,分别包括内部和外部两个部分,在 DC 情况下基极寄生电阻和集电极寄生电阻分别可以表示为

$$R_b = R_{bx} + R_{bi}/q_b \qquad (6.39)$$

$$R_c = R_{cx} + R_{ci} \qquad (6.40)$$

6.4.2 Agilent HBT 模型

基于加利福尼亚大学圣迭戈分校开发的 HBT 模型(UCSD HBT 模型),Agilent 公司推出了相应的 HBT 模型,如图 6.15 所示[25]。与 VBIC 模型相比,Agilent HBT 模型在结构上简单了很多。另外值得注意的是,该模型采用的热模型是二阶 RC 网络模型。

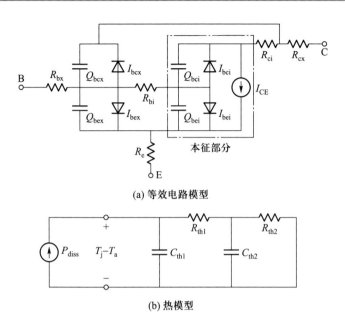

(a) 等效电路模型

(b) 热模型

图 6.15 基于 UCSD HBT 模型的 Agilent HBT 模型

1. 本征部分

对于本征部分,集电极-发射极电流 I_{CE} 可以表示为

$$I_{CE} = I_{cf} - I_{cr} \tag{6.41}$$

这里,I_{cf} 和 I_{cr} 分别为集电极-发射极结正向电流和反向电流:

$$I_{cf} = \frac{I_s}{q_{3m}DD}[\exp(qV_{bei}/\eta_f kT) - 1] \tag{6.42}$$

$$I_{cr} = \frac{I_{sr}}{DD}[\exp(qV_{bci}/\eta_r kT) - 1] \tag{6.43}$$

$$DD = q_b + I_{ca} + I_{cb}$$

其中,I_s 和 I_{sr} 分别为正向和反向传输饱和电流,η_f 和 η_r 分别为正向和反向电流发射系数,q_{3m} 为拟合因子。

q_b 为归一化基极电荷,表达式如下:

$$q_b = \frac{q_1}{2} + \sqrt{\left(\frac{q_1}{2}\right)^2 + q_2} \tag{6.44}$$

这里,

$$q_1 = 1 - \frac{q_{je}}{V_{AR}} + \frac{q_{jc}}{V_{AF}}$$

$$q_2 = \frac{I_S}{I_k}\left[\exp(qV_{bei}/\eta_f kT)\right]$$

式中,V_{AF} 和 V_{AR} 分别表示正向和反向 Early 电压,I_k 表示正向共发射极增益下降的拐角电流。

I_{ca} 和 I_{cb} 分别用以表征 B-E 结和 B-C 结异质结电流效应,具体表达式为

$$I_{ca} = \frac{I_S}{I_{sa}}\left[\exp\left(\frac{qV_{bei}}{\eta_a kT}\right) - 1\right] \tag{6.45}$$

$$I_{cb} = \frac{I_S}{I_{sb}}\left[\exp\left(\frac{qV_{bci}}{\eta_b kT}\right) - 1\right] \tag{6.46}$$

式中,I_{sa}、I_{sb}、η_a 和 η_b 均为拟合参数。

晶体管 B-E 结总的电流 I_{be} 可以表示为

$$I_{be} = I_{bei} + I_{bex} \tag{6.47}$$

$$I_{bei} = (1 - A_{BE})\{I_{sh}[\exp(qV_{bei}/\eta_h kT) - 1] + I_{se}[\exp(qV_{bei}/\eta_e kT) - 1]\}$$

$$I_{bex} = A_{BE}I_{sh}[\exp(qV_{bex}/\eta_h kT) - 1] + I_{se}[\exp(qV_{bex}/\eta_e kT) - 1]$$

其中,I_{sh} 和 η_h 分别为理想 B-E 结饱和电流和发射因子,I_{se} 和 η_e 分别为非理想 B-E 结饱和电流和发射因子,A_{BE} 为外部电流和内部电流的分配因子。

晶体管 B-C 结总的电流 I_{bc} 可以表示为

$$I_{bc} = I_{bci} + I_{bex} \tag{6.48}$$

$$I_{bci} = (1 - A_{BC})\{I_{srh}[\exp(qV_{bci}/\eta_{rh} kT) - 1] + I_{sc}[\exp(qV_{bci}/\eta_c kT) - 1]\}$$

$$I_{bex} = A_{BC}I_{srh}[\exp(qV_{bex}/\eta_{rh} kT) - 1] + I_{sc}[\exp(qV_{bex}/\eta_c kT) - 1]$$

其中,I_{srh} 和 η_{rh} 分别为理想 B-C 结饱和电流和发射因子,I_{sc} 和 η_c 分别为非理想 B-C 结饱和电流和发射因子,A_{BC} 为外部电流和内部电流的分配因子。

为了方便计算等效电路模型中本征部分的导纳参数,图 6.16 给出了经过转换的等效电路模型,可以发现

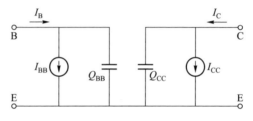

图 6.16　本征部分等效电路模型

$$I_{BB} = I_{bci} + I_{bei} \tag{6.49}$$

$$I_{CC} = I_{CE} - I_{bci} \tag{6.50}$$

$$Q_{BB} = Q_{bei} + Q_{bci} \tag{6.51}$$

$$Q_{CC} = - Q_{bci} \tag{6.52}$$

$$I_B = I_{BB} + \frac{dQ_{BB}}{dt} \tag{6.53}$$

$$I_C = I_{CC} + \frac{dQ_{CC}}{dt} \tag{6.54}$$

$$Y_{11} = \frac{\partial I_{BB}}{\partial V_{bei}}\bigg|_{V_{cei}} + j\omega \frac{\partial Q_{BB}}{\partial V_{bei}}\bigg|_{V_{cei}} \tag{6.55}$$

$$Y_{12} = \frac{\partial I_{BB}}{\partial V_{cei}}\bigg|_{V_{bei}} + j\omega \frac{\partial Q_{BB}}{\partial V_{cei}}\bigg|_{V_{bei}} \tag{6.56}$$

$$Y_{21} = \frac{\partial I_{CC}}{\partial V_{bei}}\bigg|_{V_{cei}} + j\omega \frac{\partial Q_{CC}}{\partial V_{bei}}\bigg|_{V_{cei}} \tag{6.57}$$

$$Y_{22} = \frac{\partial I_{CC}}{\partial V_{cei}}\bigg|_{V_{bei}} + j\omega \frac{\partial Q_{CC}}{\partial V_{cei}}\bigg|_{V_{bei}} \tag{6.58}$$

2. Agilent HBT 线性模型

由非线性模型很容易获得线性小信号模型,图 6.17 给出了 Agilent HBT 线性模型。

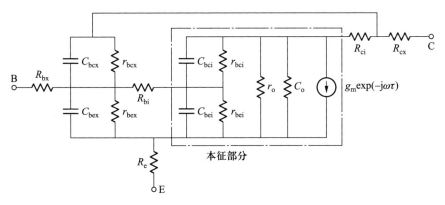

图 6.17　Agilent HBT 线性模型

利用第 5 章的知识可以知道,该线性模型采用了 π 型形式,相应的小信号模型元件和大信号模型元件之间的关系如下:

$$r_{bei} = \left(\frac{dI_{bei}}{dV_{bei}}\right)^{-1} \tag{6.59}$$

$$r_{\mathrm{bex}} = \left(\frac{\mathrm{d} I_{\mathrm{bex}}}{\mathrm{d} V_{\mathrm{bex}}} \right)^{-1} \qquad (6.60)$$

$$r_{\mathrm{bci}} = \left(\frac{\mathrm{d} I_{\mathrm{bci}}}{\mathrm{d} V_{\mathrm{bci}}} \right)^{-1} \qquad (6.61)$$

$$r_{\mathrm{bcx}} = \left(\frac{\mathrm{d} I_{\mathrm{bcx}}}{\mathrm{d} V_{\mathrm{bcx}}} \right)^{-1} \qquad (6.62)$$

$$g_{\mathrm{m}} = \frac{\partial I_{\mathrm{CE}}}{\partial V_{\mathrm{bei}}} \qquad (6.63)$$

$$r_{\mathrm{o}} = \left(\frac{\partial I_{\mathrm{CE}}}{\partial V_{\mathrm{cei}}} \right)^{-1} \qquad (6.64)$$

$$C_{\mathrm{bei}} = \frac{\partial Q_{\mathrm{BB}}}{\partial V_{\mathrm{bei}}} \qquad (6.65)$$

$$C_{\mathrm{bci}} = \frac{\partial Q_{\mathrm{BB}}}{\partial V_{\mathrm{bci}}} \qquad (6.66)$$

$$C_{\mathrm{bex}} = \frac{\partial Q_{\mathrm{bex}}}{\partial V_{\mathrm{bex}}} \qquad (6.67)$$

$$C_{\mathrm{bcx}} = \frac{\partial Q_{\mathrm{bcx}}}{\partial V_{\mathrm{bcx}}} \qquad (6.68)$$

$$C_{\mathrm{o}} = \frac{\partial (Q_{\mathrm{BB}} + Q_{\mathrm{CC}})}{\partial V_{\mathrm{cei}}} \qquad (6.69)$$

$$\tau = \frac{C_{\mathrm{m}}}{g_{\mathrm{m}}} \qquad (6.70)$$

$$C_{\mathrm{m}} = \frac{\partial Q_{\mathrm{BB}}}{\partial V_{\mathrm{cei}}} - \frac{\partial Q_{\mathrm{CC}}}{\partial V_{\mathrm{bei}}} \qquad (6.71)$$

6.4.3　修正的 SGP 模型

除了商用软件常用的几种模型以外,研究人员还可以以 SGP 模型为基础来对符合自己工艺特色的器件开展研究,建立和测试结果相吻合的经验模型,目前主要分为两种:一种是在 SGP 模型基础上进行修改,增加受控源等元件来建立宏模型;另一种是在 π 型小信号模型基础上,建立相应的非线性等效电路模型。

图 6.18 给出了基于 SGP 模型的 HBT 宏模型[20],可以看出,为了表征器件的雪崩效应和耗尽区电流的变化,在 SGP 本征模型的 B-C 结两端跨接了两个

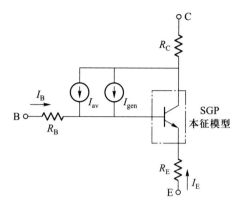

图 6.18 基于 SGP 模型的 HBT 宏模型

受控源,具体的经验公式如下:

$$I_{av} = I_{avo}\left[\frac{(V_{cb}/V_{cbo})^n}{1-(V_{cb}/V_{cbo})^n}\right] \tag{6.72}$$

$$I_{av} = I_{geno}\left(1+\frac{V_{cb}}{V_{bi}}\right)^{1/2} \tag{6.73}$$

式中 V_{cbo} 为 B-C 结击穿电压,I_{avo}、I_{geno} 和 n 为拟合参数。

图 6.19 给出了基于小信号 π 模型的 HBT 宏模型,它的主要特点是大信号模型和小信号模型在结构上非常一致,但集电极–发射极电流源的经验公式将变得比较复杂,需要较多的拟合参数来模拟器件的直流特性。

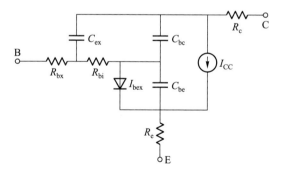

图 6.19 基于小信号 π 模型的 HBT 宏模型

6.4.4 本征元件随偏置变化曲线

图 6.20 给出了正向偏置和反向偏置下器件输出电导随偏置电压的变化曲

线,可以看到,在正向偏置下,器件输出电导随着 V_{CE} 的增加初始下降很快,而后趋于平缓;在反向偏置下,器件输出电导随着 V_{CE} 的增加初始下降很快,而后缓慢上升。无论正向偏置还是反向偏置,器件输出电导均随 V_{BE} 的增加而增加。

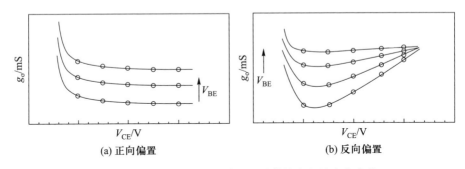

(a) 正向偏置   (b) 反向偏置

图 6.20   正向偏置和反向偏置下器件输出电导变化曲线

图 6.21 给出了 B-C 结电容 C_{bc} 随集电极电流变化曲线,可以看到在 C-B 结电压 V_{CB}(箭头方向表示增加方向)较小的情况下,C_{bc} 随集电极电流的增加变化很快;而在 V_{CB} 较大的情况下,C_{bc} 随集电极电流变化很小。

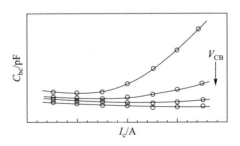

图 6.21   B-C 结电容 C_{bc} 随集电极电流变化曲线

图 6.22 给出了本征电阻 R_{bi} 随基极电流变化曲线,可以看到本征电阻 R_{bi} 随基极电流变化不大,随 V_{CE} 的增加而增加。

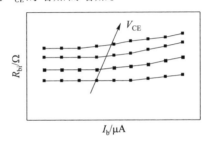

图 6.22   本征电阻 R_{bi} 随基极电流变化曲线

　　为了方便观察器件正常工作时 S 参数随频率和偏置的变化曲线,图 6.23~
图 6.26 给出了 S 参数幅度和相位的变化趋势。可以看出,S_{11} 的幅度随着频率
的增加而减小,随着基极电流的增加而减小;相位的绝对值随着基极电流和频率
的增加而增加。S_{12} 的幅度随着频率的增加而增加,随着基极电流的增加而减
小;相位随着频率的增加而减小,随着基极电流的增加而增加。S_{21} 的幅度随着
频率的增加而快速下降,随着基极电流的增加而增加;相位随着频率的增加而减
小,基极电流的变化对 S_{21} 的相位影响不大。S_{22} 的幅度随着频率的增加而减小,
随着基极电流的增加而减小;相位的绝对值随着基极电流和频率的增加而增加,
但是在较高频段下相位基本不随基极电流的变化而变化。

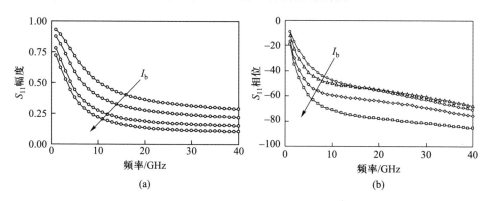

图 6.23　S_{11} 幅度和相位随频率变化曲线

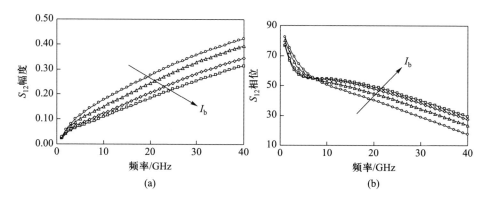

图 6.24　S_{12} 幅度和相位随频率变化曲线

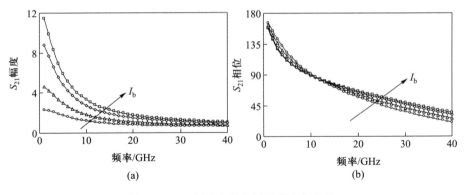

图 6.25 S_{21} 幅度和相位随频率变化曲线

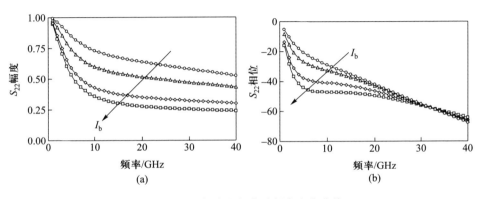

图 6.26 S_{22} 幅度和相位随频率变化曲线

6.5   色散效应

本节介绍一种考虑 DC/AC 色散效应的 HBT 器件大信号集总模型。首先对 Agilent 模型的直流模型、RF 模型以及温度模型进行分析,接着通过 RF 激励与 DC 激励共发射极电流增益之差构建色散模型,最后通过符号定义器件方法将直流模型、色散模型、电荷模型与温度模型嵌入电路模拟软件中,得到一个既能够反映器件 DC 特性又能够预测器件 RF 特性的统一大信号模型[26]。

研究发现 HBT 器件的共发射极电流增益 β 在 DC 激励下和 RF 激励下的数值不一致,这个现象与场效应器件色散现象类似。下面介绍考虑色散效应的等效电路模型[27-33]。

6.5.1 改进的 Agilent 模型

图 6.27 给出了 Agilent HBT 器件大信号模型的直流模型部分,该模型由一个电流源和两个背靠背的 PN 结组成,每个 PN 结又由两个并联的二极管组成。

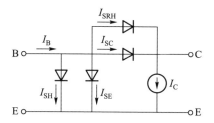

图 6.27　Agilent HBT 器件大信号模型的直流模型部分

直流模型的输出电流 I_C 可以表示为

$$I_C = \frac{I_{cf}}{q_{knee}} - I_{cr} \tag{6.74}$$

其中,I_{cf} 表示正向集电极电流,I_{cr} 表示反向发射极电流,具体表达式为

$$I_{cf} = \frac{I_{SE}}{q_b} = \frac{I_s}{q_b} \left[\exp(qV_{be}/\eta_f kT) - 1 \right] \tag{6.75}$$

$$I_{cr} = \frac{I_{SR}}{q_b} = \frac{I_{sr}}{q_b} \left[\exp(qV_{bc}/\eta_r kT) - 1 \right] \tag{6.76}$$

其中,I_s 表示集电极正向传输饱和电流,n_f 表示正向集电极电流理想因子,I_{sr} 表示发射极反向传输饱和电流,n_r 表示反向发射极电流理想因子。

q_b 为归一化基极电荷,表达式如下:

$$q_b = \frac{1}{2} + \sqrt{1 + 4\left(\frac{I_{SE}}{I_K}\right)^2} \tag{6.77}$$

软膝效应因子 q_{knee} 的表达式为

$$q_{knee} = \frac{1}{\tanh(\alpha V_{ce})} \tag{6.78}$$

其中,$\alpha = (P_1 - I_B/P_2) \left[1 + \dfrac{1}{1 + \exp(P_3 V_{ce})} \right]$,$P_1$、$P_2$ 和 P_3 为拟合系数。

基极电流 I_B 可以表示为 I_{BE} 与 I_{BC} 之和:

$$I_B = I_{BE} + I_{BC} \tag{6.79}$$

$$I_{BE} = I_{SH} + I_{SE} \tag{6.80}$$

$$I_{BC} = I_{SRH} + I_{SC} \qquad (6.81)$$

其中,

$$I_{SH} = I_{sh}[\exp(qV_{be}/\eta_h kT) - 1],$$
$$I_{SE} = I_{se}[\exp(qV_{be}/\eta_e kT) - 1],$$
$$I_{SRH} = I_{srh}[\exp(qV_{bc}/\eta_{rh} kT) - 1],$$
$$I_{SC} = I_{sc}[\exp(qV_{bc}/\eta_c kT) - 1]。$$

这里 I_{BE} 表示基极-发射极电流, I_{sh} 和 η_h 分别表示理想基极-发射极饱和电流和发射因子, I_{se} 和 η_e 分别表示非理想基极-发射极饱和电流和发射因子, I_{BC} 表示基极-集电极电流, I_{srh} 和 η_{rh} 分别表示理想基极-集电极饱和电流和发射因子, I_{sc} 和 η_c 分别表示非理想基极-集电极饱和电流和发射因子。

根据共射极电流增益的定义,直流激励下的共发射极电流增益 β^{DC} 为集电极电流 I_C 与基极电流 I_B 之比:

$$\beta^{DC} = \begin{cases} \dfrac{I_C}{I_{BE} + I_{BC}}, & \text{饱和区} \\[3mm] \dfrac{I_C}{I_{BE}}, & \text{线性区} \end{cases} \qquad (6.82)$$

值得注意的是,当器件工作在线性区时,B-E 结正偏,B-C 结反偏,此时反向饱和电流可以忽略不计。

图 6.28 给出了 HBT 器件直流线性模型,模型由直流状态下的基极-发射极动态电阻 R_π^{DC}、基极-集电极动态电阻 R_μ^{DC} 和跨导 g_m^{DC} 组成,对应的模型参数可以通过如下公式计算:

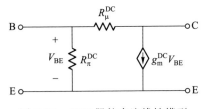

图 6.28　HBT 器件直流线性模型

$$\frac{1}{R_\pi^{DC}} = \frac{dI_{BE}}{dV_{BE}} = \frac{dI_{SH}}{dV_{BE}} + \frac{dI_{SE}}{dV_{BE}} = \frac{I_{SH}}{n_h kT/q} + \frac{I_{SE}}{n_{se} kT/q} \qquad (6.83)$$

$$\frac{1}{R_\mu^{DC}} = \frac{dI_{BC}}{dV_{BC}} = \frac{dI_{SRH}}{dV_{BC}} + \frac{dI_{SC}}{dV_{BC}} = \frac{I_{SRH}}{n_{srh} kT/q} + \frac{I_{SC}}{n_{sc} kT/q} \qquad (6.84)$$

$$g_m^{DC} = \frac{dI_C}{dV_{BE}} = \frac{dI_{ef}}{q_{knee}dV_{BE}} - \frac{dI_{cr}}{dV_{BE}} \quad (6.85)$$

值得注意的是在线性区域，B-C 结反偏，R_μ^{DC} 很大可以忽略不计。在不考虑 R_μ^{DC} 影响的条件下，R_π^{DC} 和 g_m^{DC} 可以通过如下公式计算：

$$\frac{1}{R_\pi^{DC}} = \frac{dI_{SH}}{dV_{BE}} = \frac{I_B}{n_h kT/q} \quad (6.86)$$

$$g_m^{DC} = \frac{I_C}{n_f kT/q}\left(1 - \frac{I_C}{I_K\sqrt{1+4q_2}}\right) \quad (6.87)$$

根据小信号本征模型参数提取方法，可以直接计算得到 RF 激励下的共发射极电流增益 β^{RF}。RF 激励下的基极-发射极电容 C_π 和基极-集电极电容 C_μ 可以通过如下公式直接确定：

$$C_\pi = \frac{\mathrm{Im}(Y_{11}^{int} + Y_{12}^{int})}{\omega} \quad (6.88)$$

$$C_\mu = -\frac{\mathrm{Im}(Y_{12}^{int})}{\omega} \quad (6.89)$$

其中，Y_{11}^{int} 和 Y_{12}^{int} 表示寄生元件去嵌后的本征 Y 参数。

基极-发射极电容 C_π 和基极-集电极电容 C_μ 与电荷之间有如下关系：

$$C_\pi = \frac{\partial Q_{BE}}{\partial V_{BE}} \quad (6.90)$$

$$C_\mu = \frac{\partial Q_{BC}}{\partial V_{BC}} \quad (6.91)$$

B-E 结空间电荷和 B-C 结空间电荷的计算公式为

$$Q_{BE} = \frac{C_{jeo}P_{je}}{1-M_{je}}\left[1 - \left(1-\frac{V_{je}}{P_{je}}\right)^{1-M_{je}}\right] \quad (6.92)$$

$$Q_{BC} = \frac{C_{jco}P_{jc}}{1-M_{jc}}\left[1 - \left(1-\frac{V_{jc}}{P_{jc}}\right)^{1-M_{jc}}\right] \quad (6.93)$$

其中，C_{jeo} 和 C_{jco} 分别表示零偏置情况下的基极-发射极和基极-集电极电容，M_{je} 和 M_{jc} 分别表示基极-发射极和基极-集电极电容指数因子，P_{je} 和 P_{jc} 分别表示基极-发射极和基极-集电极电容电势因子，V_{je} 和 V_{jc} 分别表示基极-发射极和基极-集电极电容内建电势。

图 6.29 给出了 HBT 器件自热效应的温度模型，该模型由热电阻 R_{th}、热电容 C_{th} 以及热电流源 P_{dev} 组成，ΔT 表示器件结温与环境温度的差值，热电流源 P_{dev} 表示热量的总功耗。

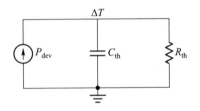

图 6.29　HBT 器件自热效应温度模型

根据热演化方程,可以写出图 6.29 中 ΔT 的表达式:

$$\Delta T(\omega) = P_{\text{dev}}\left(\frac{R_{\text{th}}}{1 + j\omega R_{\text{th}} C_{\text{th}}}\right) \tag{6.94}$$

其中,$P_{\text{dev}} = V_{\text{CE}} I_{\text{C}} + I_{\text{B}} V_{\text{BE}}$。

由于工作温度引起的电流变化,HBT 器件饱和电流随温度变化方程可以写为

$$I_{\text{sTemp}} = I_{\text{s}}(r)^{XTIS/\eta_{\text{f}}} \exp\left[(r-1)\frac{E_{\text{GE}}}{\eta_{\text{f}} V_{\text{tt}}}\right] \tag{6.95}$$

$$I_{\text{shTemp}} = I_{\text{sh}}(r)^{XTIH/\eta_{\text{h}}} \exp\left[(r-1)\frac{E_{\text{GE}}}{\eta_{\text{h}} V_{\text{tt}}}\right] \tag{6.96}$$

$$I_{\text{seTemp}} = I_{\text{se}}(r)^{XTIE/\eta_{\text{e}}} \exp\left[(r-1)\frac{E_{\text{GE}}}{\eta_{\text{e}} V_{\text{tt}}}\right] \tag{6.97}$$

$$I_{\text{srTemp}} = I_{\text{sr}}(r)^{XTIR/\eta_{\text{r}}} \exp\left[(r-1)\frac{E_{\text{GC}}}{\eta_{\text{r}} V_{\text{tt}}}\right] \tag{6.98}$$

$$I_{\text{scTemp}} = I_{\text{sc}}(r)^{XTIC/\eta_{\text{c}}} \exp\left[(r-1)\frac{E_{\text{GC}}}{\eta_{\text{c}} V_{\text{tt}}}\right] \tag{6.99}$$

$$I_{\text{srhTemp}} = I_{\text{srh}}(r)^{XTIRH/\eta_{\text{rh}}} \exp\left[(r-1)\frac{E_{\text{GC}}}{\eta_{\text{rh}} V_{\text{tt}}}\right] \tag{6.100}$$

其中,$r = \dfrac{T_{\text{nom}} + \Delta T}{T_{\text{nom}}}$,$V_{\text{tt}} = \dfrac{k(T_{\text{nom}} + \Delta T)}{q}$。这里 T_{nom} 表示绝对温度,$XTIS$、$XTIH$、$XTIE$、$XTIR$、$XTIC$ 和 $XTIRH$ 表示不同饱和电流的温度指数。

6.5.2　DC/AC 色散效应

HBT 器件的色散现象是指在 DC 激励下器件的共发射极电流增益 β 与在 RF 激励下的 β 不一致,而器件的共发射极电流增益是一致的。

一般来说,HBT 器件的直流电流增益主要由外延生长和加工工艺决定,晶圆内直流电流增益的变化很小,可以忽略不计。图 6.30 给出了发射极面积为

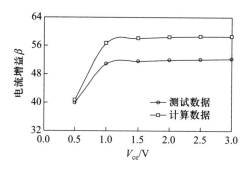

图 6.30 $5\times5~\mu m^2$ InP HBT 器件共发射极电流增益 β
随偏置电压 V_{ce} 的变化曲线

$5\times5~\mu m^2$ InP HBT 器件的共发射极电流增益 β 随偏置电压 V_{ce} 的变化曲线, 可以看到在晶体管线性工作区域, DC 激励下通过 $I\text{--}V$ 特性曲线测试所得到的 β 值明显低于 RF 激励下通过小信号模型参数提取计算得到的 β 值。

图 6.31 给出了 DC 激励下与 RF 激励下 $I\text{--}V$ 特性曲线的对比, 可以发现随

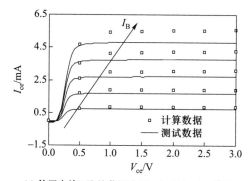

(a) 偏置电流 I_B 取值范围为 20 $\mu A \sim 100~\mu A$, 步长 20 μA

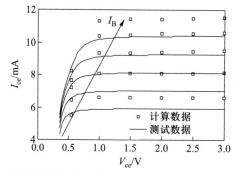

(b) 偏置电流 I_B 取值范围为 120 $\mu A \sim 200~\mu A$, 步长 20 μA

图 6.31 不同偏置电流下 $I\text{--}V$ 特性曲线对比

着偏置电流的增大,色散效应更加明显;并且 RF 激励下根据 β 计算得到的输出电流 I_{ce} 明显高于 DC 激励下通过 $I\text{-}V$ 特性曲线的测试值。

为了表征共射极电流增益 β 的频率色散,提出了如图 6.32 所示的考虑 DC/AC 色散效应的大信号集总电路模型。在 Aglient 模型的基础上,通过引入色散电流源 I_d、色散电阻 R_d 以及隔直电容 C_d 来构建一个表征色散效应的色散模型。色散电流源 I_d 并联在输出端口两端,用于修正由于色散效应导致的共发射极电流增益的偏差;色散电阻 R_d 与色散电流源并联形成回路,避免仿真过程中出现不收敛的问题;两个隔直电容 C_d 分别与色散电流源的两端串联用于隔去直流分量,避免 HBT 器件的 DC 特性影响。

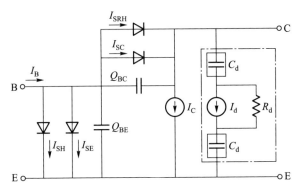

图 6.32 考虑 DC/AC 色散效应的大信号集总电路模型

在 DC 激励下,由于隔直电容 C_d 的存在,色散模型不起作用,此时该网络的输出总电流为 I_c;而在 RF 激励下,隔直电容 C_d 导通,色散电流源 I_d 起作用,此时网络的输出总电流为 I_c 与 I_d 之和。

将该网络的输出电流记为 I_t,则有

$$I_t(V_{CE}, I_B) = \begin{cases} I_C(V_{CE}, I_B), & \text{在 DC 激励下} \\ I_C(V_{CE}, I_B) + I_d, & \text{在 RF 激励下} \end{cases} \quad (6.101)$$

色散电流源 I_d 可以通过射频激励下与直流激励下共发射极电流增益之差与偏置电流的乘积来表示:

$$I_d = (\beta^{RF} - \beta^{DC}) I_B \quad (6.102)$$

图 6.33 给出了射频激励下共射极电流增益 β^{RF} 与直流激励下 β^{DC} 之差 $\Delta\beta$ 随着基极电流 I_B 的变化曲线,可以观察到共发射极电流增益差值 $\Delta\beta$ 变化的总趋势是随着基极电流 I_B 的增加而增加。

由于共发射极电流增益随着集电极-发射极电压 V_{CE} 的变化较小,可以忽略

不计,因此可以将共发射极电流增益差值 $\Delta\beta$ 看作与基极电流 I_B 相关的多项式
函数:

$$\Delta\beta = \sum_{n=0}^{K} a_n(I_B)^n = a_0 + a_1(I_B) + a_2(I_B)^2 + \cdots \qquad (6.103)$$

其中, a_0、a_1 和 a_2 均为拟合系数。

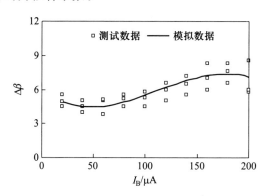

图 6.33 $\Delta\beta$ 随着基极电流 I_B 的变化曲线

图 6.34 给出了考虑 DC/AC 色散效应的线性模型, Δg_m 为 DC 激励下与 RF
激励下的跨导之差,其计算公式为

$$\Delta g_m = \Delta\beta \frac{dI_B}{dV_{BE}} = g_m^{RF} - g_m^{DC} \qquad (6.104)$$

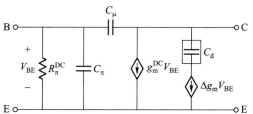

图 6.34   考虑 DC/AC 色散效应的线性模型

在色散模型构建完成后,HBT 器件大信号模型建模过程也随之完成,图
6.35 对上述流程进行了总结,主要步骤可描述为:

（1）对 HBT 器件进行在片测试,得到器件的 S 参数和 I–V 特性曲线。

（2）在 DC 激励下测试得到器件的 I–V 特性,构建直流模型。

（3）根据不同偏置下的 S 参数测试值构建小信号模型,提取在 RF 激励下
的共发射极电流增益 β^{RF}。

（4）由 β^{RF} 计算得到 RF 激励下的输出电流 I_{CE}^{RF},具体计算公式为

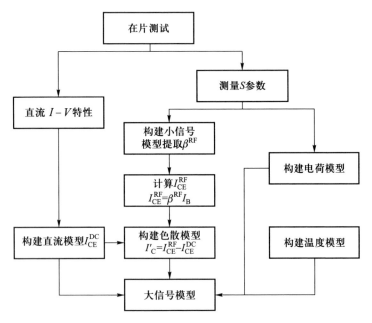

图 6.35   考虑色散效应的 HBT 器件大信号集总模型流程图

$$I_{CE}^{RF} = \beta^{RF} I_B \tag{6.105}$$

（5）利用 DC 激励下测试得到的输出电流 I_{CE}^{DC} 与 RF 激励下计算得到的输出电流 I_{CE}^{RF} 之差来构建色散模型。

（6）利用（3）中构建的小信号模型，提取不同偏置下基极-集电极本征电容 C_{bc} 和基极-发射极本征电容 C_{be}，并根据相应的电荷关系式构建电荷模型。

将上述步骤中所构建的直流模型、色散模型、电荷模型与温度模型相融合，即可得到一个既可以反映器件 DC 特性又可以预测器件 RF 特性的大信号模型。

为了将改进的 HBT 器件大信号模型嵌入计算机辅助设计软件，这里运用了 ADS（Advanced Design System）软件中的符号定义器件装备（Symbolically Defined Device，SDD）。SDD 是通过电路模型网络端口的电压或电流方程来表征器件的非线性模型，其实现方法是首先定义电路模型的节点标号，然后写出对应节点的电流或电压方程并对方程中的变量进行定义，最后在上述步骤完成后调用该 SDD 模块即可得到所设计等效电路模型的模拟结果。利用 SDD 可以更加直观、便捷地将自定义器件模型嵌入计算机辅助设计软件中，避免了复杂的编译和调试过程。

图 6.36 给出了基于 SDD 的 HBT 器件大信号集总电路模型实现方法，其中

图 6.36(a)对所提出的大信号等效电路模型进行了节点标号,对应 SDD 模块的原理图如图 6.36(b)所示,节点标号与 SDD 模块的端口标号相对应。

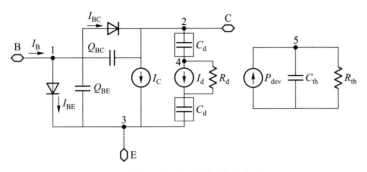

(a) 大信号集总电路模型节点标号

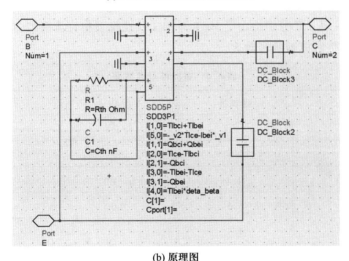

(b) 原理图

图 6.36　基于 SDD 的 HBT 器件大信号集总电路模型实现方法

主要节点对应的端口电流定义为

$$I_{\mathrm{B}} = I_{\mathrm{BE}} + I_{\mathrm{BC}} + \frac{\mathrm{d}(Q_{\mathrm{BE}} + Q_{\mathrm{BC}})}{\mathrm{d}t} \tag{6.106}$$

$$I_{\mathrm{C}} = I_{\mathrm{CE}} - I_{\mathrm{BC}} - \frac{\mathrm{d}Q_{\mathrm{BC}}}{\mathrm{d}t} + \Delta\beta \cdot I_{\mathrm{BE}} \tag{6.107}$$

$$I_{\mathrm{E}} = - I_{\mathrm{BE}} - I_{\mathrm{CE}} - \frac{\mathrm{d}Q_{\mathrm{BE}}}{\mathrm{d}t} - \Delta\beta \cdot I_{\mathrm{BE}} \tag{6.108}$$

对应等效电路模型的 Y 参数可以表示为

$$Y_{11} = \frac{\partial I_B}{\partial V_{BE}} + j\omega \frac{\partial Q_{BE}}{\partial V_{BE}} + \frac{\partial Q_{BC}}{\partial V_{BC}} \qquad (6.109)$$

$$Y_{12} = \frac{\partial I_B}{\partial V_{CE}} - j\omega \frac{Q_{BC}}{\partial V_{BC}} \qquad (6.110)$$

$$Y_{21} = \frac{\partial I_C}{\partial V_{BE}} - j\omega \frac{\partial Q_{BC}}{\partial V_{BC}} \qquad (6.111)$$

$$Y_{22} = \frac{\partial I_{CC}}{\partial V_{CE}} + j\omega \frac{\partial Q_{BC}}{\partial V_{BC}} \qquad (6.112)$$

6.5.3　模型验证与结果分析

表 6.4~表 6.7 分别给出了 HBT 器件非线性模型中直流模型、电荷模型、温度模型以及色散模型的参数表。

表 6.4　直流模型参数表

参数	提取值	参数	提取值
I_s/fA	9	I_r/pA	1
n_f	1.0	η_r	1.3
I_{sh}/pA	0.3	I_{srh}/pA	0.0
η_h	1.4	η_{rh}	1.2
I_{se}/pA	1.4	η_e	2.2
I_{sc}/pA	2.2	η_c	1.8
I_K/mA	19	P_1	7
P_2	40	P_3	30

表 6.5　电荷模型参数表

参数	提取值	参数	提取值
V_{je}/V	0.8	V_{jc}/V	1.0
C_{je}/fF	48	C_{jc}/fF	9
M_{je}	0.6	M_{jc}	0.2

表 6.6　温度模型参数表

参数	提取值	参数	提取值
$R_{th}/(℃\cdot W^{-1})$	800	EGE/eV	1.6
$C_{th}/(J\cdot℃)$	5×10^{-9}	EGC/eV	1.5
$XTIS$	3	$XTIR$	3
$XTIH$	3	$XTIC$	3
$XTIE$	3	$XTIRH$	3

表 6.7　色散模型参数表

参数	提取值	参数	提取值
a_0	6.0	a_1	6.6×10^{-2}
a_2	8.8×10^{-4}	a_3	2.6×10^{-6}

基于改进的 HBT 器件非线性模型,图 6.37 给出了 RF 状态下集电极电流 I_{ce} 随偏置电压 V_{ce} 的变化曲线,可以看到 RF 状态下计算得出的集电极电流 I_{ce} 值与考虑色散效应模型的模拟数据吻合得很好,验证了色散效应模型的正确性。

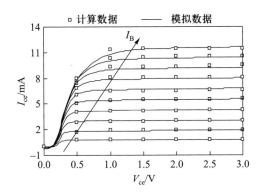

图 6.37　RF 状态下集电极电流 I_{ce} 随偏置电压 V_{ce} 的变化曲线
(偏置电流 I_B 取值范围为 20 μA ~ 200 μA,步长 20 μA)

图 6.38 给出了 0.05 GHz ~ 110 GHz 频率范围内模拟数据(包括提出方法和传统方法两种方法)与测试数据 S 参数的对比曲线,可以看出相比于不考虑色散效应的传统方法,考虑色散效应的提出方法模拟数据与测试数据吻合得更好,

尤其是对于 S_{21} 而言。

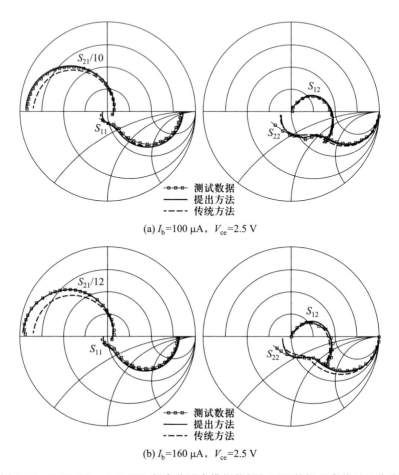

(a) I_b=100 μA，V_{ce}=2.5 V

(b) I_b=160 μA，V_{ce}=2.5 V

图 6.38　0.05 GHz~110 GHz 频率范围内模拟数据与测试数据 S 参数对比曲线

　　图 6.39 给出了不同偏置下 S_{21} 幅度随频率变化曲线，以更好地说明 S_{21} 的拟合程度。可以发现提出方法的模拟数据与测试数据吻合得很好，优于传统模型。

　　图 6.40 给出了 0.5 GHz~110 GHz 频段范围内 S_{21} 误差随频率的变化曲线，可以看出在不同偏置下，不考虑色散效应的传统模型误差明显高于考虑色散效应的提出模型。S_{21} 的误差均值如表 6.8 所示，可以发现传统模型的误差在 5%~9% 之间，而提出模型的误差不超过 6%。

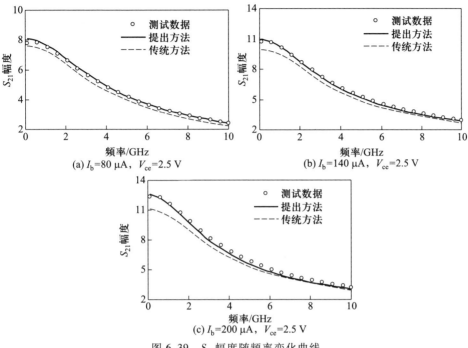

图 6.39 S_{21} 幅度随频率变化曲线

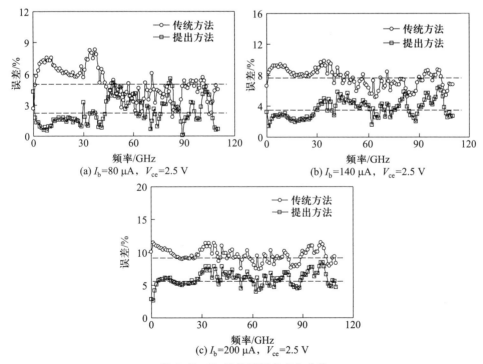

图 6.40 S_{21} 误差随频率变化曲线

表 6.8　S_{21} 平均误差

偏置 $I_b/\mu A$	传统模型	提出模型
60	5.0%	2.0%
100	7.9%	3.5%
200	9.0%	5.5%

6.6　本章小结

　　本章首先介绍了线性和非线性、大信号和小信号之间的关系,以及它们的定义;然后在此基础上介绍了物理基模型和经验模型的建模技术,总结了微波射频商用软件中常用的异质结晶体管非线性等效电路模型和相应的参数提取技术;最后通过引入由色散电流源、色散电阻以及隔直电容组成的网络来模拟 HBT 器件的色散效应,比较了各种方法的误差,表明提出模型的优越性。

参考文献

［1］　Mcmacken J, Nedeljkovic S, Gering J, et al. HBT modeling［J］. IEEE Microwave Magazine, 2008, 9(2):48-71.

［2］　Giannini F, Leuzzi G. Nonlinear Microwave Circuit Design［M］. New York: John Wiley & Sons Ltd, 2004.

［3］　Maas S A. Nonlinear Microwave and RF Circuits［M］. Boston: Artech House, 2003.

［4］　Oettinger F F, Blackburn D L, Rubin S, et al. Thermal characterization of power transistors［J］. IEEE Transactions on Electron Devices, 1976, 23(8):831-838.

［5］　Joy R C, Schlig E S. Thermal properties of very fast transistors［J］. IEEE Transactions on Electron Devices, 1970, 17(8):586-594.

［6］　Liu W. Handbook of Ⅲ-Ⅴ Heterojunction Bipolar Transistors［M］. New York: Wiley, 1998.

［7］　Sood A K. On the edge-thermal resistance (ICs)［J］. IEEE Micro, 1993, 13(4):52-58.

［8］　Gao G B, Wang M Z, Gui X, et al. Thermal design studies of high-power heterojunction bipolar transistors［J］. IEEE Transactions on Electron Devices, 1989, 36(5):854-863.

［9］　Liou J J, Liou L L, Huang C I. Analytical model for the AlGaAs/GaAs multiemitter finger HBT including self-heating and thermal coupling effects［J］. IEE Proceedings Circuits

Devices and Systems,1994,141(6):469-475.

[10] Schaefer B,Dunn M. Pulsed measurements and modeling for electro-thermal effects[C]. Proceedings of the 1996 BIPOLAR/BiCMOS Circuits and Technology,New York,1996: 110-117.

[11] Liu W,Yuksel A. Measurement of junction temperature of an AlGaAs/GaAs heterojunction bipolar transistor operating at large power densities[J]. IEEE Transactions on Electron Devices,1995,42(2):358-360.

[12] Dawson D E,Gupta A K,Salib M L. CW measurement of HBT thermal resistance[J]. IEEE Transactions on Electron Devices,1992,39(10):2235-2239.

[13] Bovolon N,Baureis P,Muller J E,et al. A simple method for the thermal resistance measurement of AlGaAs/GaAs heterojunction bipolar transistors[J]. IEEE Transactions on Electron Devices,2002,45(8):1846-1848.

[14] Marsh S P. Direct extraction technique to derive the junction temperature of HBT's under high self-heating bias conditions[J]. IEEE Transactions on Electron Devices,2002,47(2): 288-291.

[15] Menozzi R,Barrett J,Ersland P. A new method to extract HBT thermal resistance and its temperature and power dependence[J]. IEEE Transactions on Device and Materials Reliability,2005,5(3):595-601.

[16] Gummel H K,Poon H C. An integral charge control model of bipolar transistors[J]. Bell System Technical Journal,1970,49(5):827-850.

[17] Antognetti P,Massobrio G. Semiconductor Device Modeling with SPICE[M]. 2nd ed. New York:McGraw-Hill,1993.

[18] Grossman P C,Choma J. Large signal modeling of HBT's including self-heating and transit time effects[J]. IEEE Transactions on Microwave Theory and Techniques,1992,40(3): 449-464.

[19] Dikmen C T,Dogan N S,Osman M A. DC modeling and characterization of AlGaAs/GaAs heterojunction bipolar transistors for high-temperature applications[J]. IEEE Journal of Solid-State Circuits,1994,29(2):108-116.

[20] Hafizi M,Crowell C R,Grupen M E. The DC characteristics of GaAs/AlGaAs heterojunction bipolar transistors with application to device modeling[J]. IEEE Transactions on Electron Devices,1990,37(10):2121-2129.

[21] Mcandrew C C,Seitchik J A,Bowers D F,et al. VBIC95,the vertical bipolar inter-company model[J]. IEEE Journal of Solid-State Circuits,1996,31(10):1476-1483.

[22] Graaff H C,Kloosterman W J,Geelen J A M,et al. Experience with the new compact MEXTRAM model for bipolar transistors[C]. Proceedings of the Bipolar Circuits and Technology Meeting,New York,1989:246-249.

[23] Stubing H,Rein H M. A compact physical large-signal model for high-speed bipolar transistors at high current densities—Part I :One-dimensional model [J]. 1987, 34 (8): 1741-1751.

[24] Rein H M,Schroter M. A compact physical large-signal model for high-speed bipolar transistors at high current densities—Part II :Two-dimensional model and experimental results [J]. IEEE Transactions on Electron Devices,1987,34(8):1752-1761.

[25] University of California. HBT Model Equations[EB/OL].

[26] Zhang A,Gao J. An improved nonlinear model for millimeter-wave InP HBT including DC/AC dispersion effects[J]. IEEE Microwave and Wireless Components Letters,2021,31(5): 465-468.

[27] Ladbrooke P H,Blight S R. Low-field low-frequency dispersion of transconductance in GaAs MESFETs with implications for other rate-dependent anomalies[J]. IEEE Transactions on Electron Devices,1988,35(3):257-267.

[28] Hasumi Y,Oshima T,Matsunaga N,et al. Analysis of the frequency dispersion of transconductance and drain conductance in GaAs MESFETs[J]. Electronics and Communications in Japan (Part II :Electronics),2006,89(4):20-28.

[29] Jeon K I,Kwon Y S,Hong S C. A frequency dispersion model of GaAs MESFET for large-signal applications[J]. IEEE Microwave and Guided Wave Letters,2002,7(3):78-80.

[30] Camacho-Peñalosa C,Aitchison C S. Modelling frequency dependence of output impedance of a microwave MESFET at low frequencies [J]. Electronics Letters, 1985, 21 (12): 528-529.

[31] Liu L S,Ma J G,Ng G I. Electrothermal large-signal model of III-V FETs including frequency dispersion and charge conservation[J]. IEEE Transactions on Microwave Theory and Techniques,2009,57(12):3106-3117.

[32] Yu P,Ling S,Tian X,et al. A gate-width scalable 90 nm MOSFET nonlinear model including DC/RF dispersion effects valid up to 50 GHz[J]. Solid-State Electronics,2017, 135(8):53-64.

[33] Nguyen T T,Kim S D. A nonlinear model for frequency dispersion and DC intrinsic parameter extraction for GaN-based HEMT[J]. Solid-State Electronics,2017,137(17):109-116.

第7章 异质结晶体管噪声等效电路模型

为了准确预测和描述半导体器件的噪声性能,需要建立精确的反映器件噪声特性的等效电路模型,它是设计低噪声电路如低噪声放大器和振荡器的基础。半导体器件噪声等效电路模型建立在精确的半导体器件小信号等效电路模型基础之上。半导体器件建模原理如图 7.1 所示[1,2]。

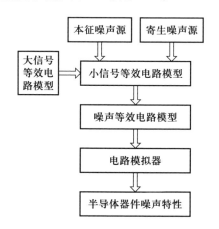

图 7.1 半导体器件建模原理

半导体器件噪声等效电路模型通常由本征噪声源、寄生噪声源和小信号等效电路模型组成。对于异质结晶体管来说,器件本征噪声源主要是器件内部基极-发射极结和基极-集电极结中的散弹噪声及低频噪声,寄生噪声源主要是寄生电阻产生的热噪声。

7.1 异质结晶体管噪声等效电路模型

图 7.2 给出了异质结晶体管的噪声等效电路模型,可以看到电路模型主要

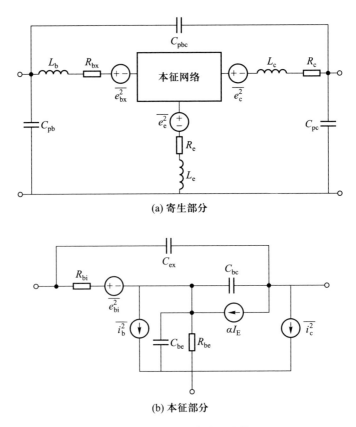

(a) 寄生部分

(b) 本征部分

图 7.2   HBT 噪声等效电路模型

包括以下 6 个噪声源[3,4]：

（1）两个相关的本征散弹噪声

散弹噪声又称 Schottky 噪声，由固态器件中穿越半导体结或者其他不连续界面的离散的随机电荷载流子的运动引起。散弹噪声通常发生在半导体器件中，即二极管或者晶体管的 PN 结，伴随着稳态电流。实际上，稳态电流包含着一个很大的随机起伏，这个起伏就是散弹噪声，其幅度和电流的平方根成正比。

图 7.2(b) 中散弹噪声 $\overline{i_b^2}$ 和 $\overline{i_c^2}$ 表达式分别为

$$\overline{i_b^2} = 2qI_B\Delta f \tag{7.1}$$

$$\overline{i_c^2} = 2qI_C\Delta f \tag{7.2}$$

这里 I_B 和 I_C 分别为双极型半导体器件的基极和集电极电流，q 为电子电荷。

对于双极晶体管 BJT，通常认为散弹噪声 $\overline{i_b^2}$ 和 $\overline{i_c^2}$ 为独立的噪声源。而对于异质结晶体管 HBT,散弹噪声 $\overline{i_b^2}$ 和 $\overline{i_c^2}$ 为相关噪声源,其关系表达式为

$$\overline{i_b^* i_c} = 2qI_C(e^{-j\omega\tau} - 1)\Delta f \tag{7.3}$$

这里 τ 为异质结晶体管 HBT 的时间延迟。

(2) 1 个本征电阻引起的热噪声

与双极晶体管相比,异质结晶体管一个重要的区别就是基极本征电阻的存在,它产生的热噪声和普通电阻的一样:

$$\overline{e_{bi}^2} = 4kTR_{bi}\Delta f \tag{7.4}$$

(3) 3 个寄生电阻引起的热噪声

3 个寄生电阻 R_{bx}、R_c 和 R_e 引起的热噪声表达式为

$$\overline{e_{bx}^2} = 4kTR_{bx}\Delta f \tag{7.5}$$

$$\overline{e_c^2} = 4kTR_c\Delta f \tag{7.6}$$

$$\overline{e_e^2} = 4kTR_e\Delta f \tag{7.7}$$

7.2 噪声参数计算公式

为了获得 HBT 器件的噪声参数表达式,如图 7.3 所示,将噪声等效电路分

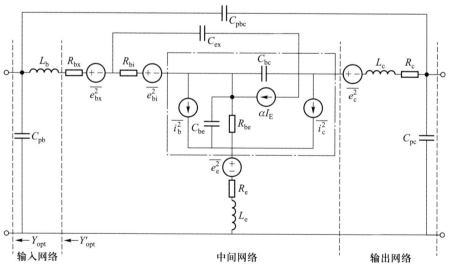

图 7.3 HBT 噪声等效电路模型分割计算示意图

割为以下 3 个部分[5]：

（1）输入网络，由 PAD 电容 C_{pb} 和基极馈线电感 L_{b} 构成。

（2）输出网络，由 PAD 电容 C_{pc}、集电极馈线电感 L_{c} 和寄生电阻 R_{c} 构成。

（3）中间网络，由本征网络、基极寄生电阻 R_{bx}、发射极寄生电阻 R_{e} 以及发射极馈线电感 L_{e} 构成。值得注意的是，本征网络由核心网络（B-E 结和 B-C 结）、本征电阻 R_{bi} 和 B-C 结寄生电容 C_{ex} 构成。

计算步骤如下：

（1）计算核心网络的导纳噪声矩阵参数：

$$C_{Y_{11}} = \frac{I_{\text{B}}}{2V_{\text{T}}} \tag{7.8}$$

$$C_{Y_{22}} = \frac{I_{\text{C}}}{2V_{\text{T}}} \tag{7.9}$$

$$C_{Y_{21}} = \frac{I_{\text{C}}(\mathrm{e}^{-\mathrm{j}\omega\tau} - 1)}{2V_{\text{T}}} \tag{7.10}$$

$$C_{Y_{12}} = \frac{I_{\text{C}}(\mathrm{e}^{\mathrm{j}\omega\tau} - 1)}{2V_{\text{T}}} \tag{7.11}$$

（2）将导纳噪声矩阵转化为阻抗噪声矩阵，考虑本征电阻 R_{bi} 的影响，得到的阻抗噪声矩阵表达式为

$$\boldsymbol{C}_Z = \begin{bmatrix} C_{Z_{11}} + R_{\text{bi}} & C_{Z_{12}} \\ C_{Z_{21}} & C_{Z_{22}} \end{bmatrix} \tag{7.12}$$

（3）将阻抗噪声矩阵转化为导纳噪声矩阵，考虑 B-C 结寄生电容 C_{ex} 的影响，得到的导纳噪声矩阵表达式为

$$C_{Y_{11}}^I = \frac{C_{Y_{11}} + R_{\text{bi}} \left| \left[(1-\alpha)Y_{\text{BE}} + Y_{\text{BC}} \right] \right|^2}{|A|^2} \tag{7.13}$$

$$C_{Y_{21}}^I = \frac{C_{Y_{21}} + R_{\text{bi}} |Y_{\text{BC}} Y_{\text{BE}}|^2 \left(-D - \dfrac{1}{Y_{\text{BE}} Y_{\text{BC}}^*} + \dfrac{\alpha}{|Y_{\text{BC}}|^2} - \dfrac{B}{Y_{\text{BE}}^*} + \dfrac{C^* \left[Y_{\text{BC}} + (1-\alpha)Y_{\text{BE}} \right]^*}{(Y_{\text{BC}} Y_{\text{BE}})^*} \right)}{|A|^2} \tag{7.14}$$

$$C_{Y_{12}}^I = (C_{Y_{21}}^I)^* \tag{7.15}$$

$$C_{Y_{22}}^I = \frac{C_{Y_{22}} + R_{\text{bi}} |Y_{\text{BC}} Y_{\text{BE}}|^2 \left(D + B(R_{\text{bi}} + 2R_{\text{be}}) - 2\mathrm{Re}\left[\left(\dfrac{1}{Y_{\text{BE}}} - \dfrac{\alpha}{Y_{\text{BC}}} \right) C \right] \right)}{|A|^2} \tag{7.16}$$

这里 A、B、C 和 D 的表达式为

$$A = 1 + R_{bi} \left[Y_{BC} + (1 - \alpha) Y_{BE} \right]$$

$$B = C_{Y_{11}} \left| \frac{\alpha}{Y_{BC}} \right|^2 + C_{Y_{22}} \left(\left| \frac{1}{Y_{BE}} \right|^2 + \left| \frac{1 - \alpha}{Y_{BC}} \right|^2 \right) + 2\mathrm{Re} \left[C_{Y_{12}} \left| \frac{\alpha}{Y_{BC}} \right|^2 \frac{j\omega}{\alpha_o} \left(\frac{1}{\omega_\alpha} + \tau \right) \right]$$

$$C = \frac{C_{Y_{11}} + C_{Y_{22}}}{|Y_{BE}|^2} + \frac{C_{Y_{22}}(1 - \alpha^*) + C_{Y_{12}}}{Y_{BE} Y_{BC}^*}$$

$$D = \left| \frac{1}{Y_{BE}} - \frac{\alpha}{Y_{BC}} \right|^2$$

（4）将获得的本征部分的导纳噪声矩阵 C_Y^I 转化为 $ABCD$ 噪声相关矩阵，考虑寄生电阻 R_{bx} 和 R_e 的影响，这样中间网络的 $ABCD$ 噪声相关矩阵 C_A 可以表示为

$$C_{A_{11}}^M = \frac{C_{Y_{22}}^I}{|Y_{21}|^2} + R_{bx} + R_e \tag{7.17}$$

$$C_{A_{12}}^M = \frac{Y_{11}^* C_{Y_{22}}^I - Y_{21}^* C_{Y_{21}}^I}{|Y_{21}|^2} \tag{7.18}$$

$$C_{A_{21}}^M = \left(C_{A_{21}}^M \right)^* \tag{7.19}$$

$$C_{A_{22}}^M = C_{Y_{11}}^I + \frac{|Y_{11}|^2 C_{Y_{22}}^I}{|Y_{21}|^2} - 2\mathrm{Re} \left(\frac{Y_{11}}{Y_{21}} C_{Y_{21}}^I \right) \tag{7.20}$$

其中，上标 M 表示中间网络，Y_{11}、Y_{12}、Y_{21} 和 Y_{22} 表示本征网络的 Y 参数，表达式为

$$Y_{11} = Y_{EX} + \frac{Y_{BC} + (1 - \alpha) Y_{BE}}{A} \tag{7.21}$$

$$Y_{21} = -Y_{EX} + \frac{-Y_{BC} + \alpha Y_{BE}}{A} \tag{7.22}$$

$$Y_{12} = -Y_{EX} + \frac{-Y_{BC}}{A} \tag{7.23}$$

$$Y_{22} = Y_{EX} + \frac{Y_{BC}(1 + Y_{BE} R_{bi})}{A} \tag{7.24}$$

这里，$Y_{BE} = \dfrac{1}{R_{be}} + j\omega C_{be}$，$Y_{BC} = j\omega C_{bc}$。

（5）计算输出网络的 $ABCD$ 噪声相关矩阵，表达式为

$$C_A^O = R_c \begin{bmatrix} 1 & 0 \\ 0 & 0 \end{bmatrix} \tag{7.25}$$

（6）将中间网络和输出网络进行级联,得到相应的 $ABCD$ 噪声相关矩阵表达式:

$$C_A' = C_A^M + A_M C_A^O A_M^H \tag{7.26}$$

这里, A_M 为中间网络和输出网络级联后的 $ABCD$ 矩阵,H 表示哈密顿共轭。矩阵 C_A' 的具体表达式为

$$C_{A_{11}}' = C_{A_{11}}^M + R_c |E|^2 \tag{7.27}$$

$$C_{A_{12}}' = C_{A_{12}}^M + R_c E F^* \tag{7.28}$$

$$C_{A_{21}}' = C_{A_{21}}^M + R_c E^* F \tag{7.29}$$

$$C_{A_{22}}' = C_{A_{22}}^M + R_c |F|^2 \tag{7.30}$$

这里,

$$E = \frac{\left[(1-\alpha)Y_{EX} + Y_{BC}\right]Y_{BE}R_{bi} + \left[(R_{BX} + R_E)Y_{BE} + 1\right](Y_{EX} + Y_{BC} + R_{bi}Y_{EX}Y_{BC})}{\left[-\alpha + (1-\alpha)R_{bi}Y_{EX}\right]Y_{BE} + (R_E Y_{BE} + 1)(Y_{EX} + Y_{BC} + R_{bi}Y_{EX}Y_{BC})}$$

$$F = \frac{Y_{BE}(Y_{EX} + Y_{BC} + R_{bi}Y_{EX}Y_{BC})}{\left[-\alpha + (1-\alpha)R_{bi}Y_{EX}\right]Y_{BE} + (R_E Y_{BE} + 1)(Y_{EX} + Y_{BC} + R_{bi}Y_{EX}Y_{BC})}$$

根据 $ABCD$ 噪声相关矩阵和噪声参数之间的关系[6],有

$$R_n' = C_{A_{11}}' \tag{7.31}$$

$$G_{opt}' = \sqrt{\frac{C_{A_{22}}'}{C_{A_{11}}'} - \left(\frac{\mathrm{Im}(C_{A_{12}}')}{C_{A_{11}}'}\right)^2} \tag{7.32}$$

$$B_{opt}' = \frac{\mathrm{Im}(C_{A_{12}}')}{C_{A_{11}}'} \tag{7.33}$$

$$F_{min}' = 1 + 2\left[\mathrm{Re}(C_{A_{12}}') + G_{opt}' C_{A_{11}}'\right] \tag{7.34}$$

可以得到 4 个噪声参数的具体表达式:

$$F_{min}' = 1 + 2\left[\mathrm{Re}\left(\frac{C_{Y_{22}}^I Y_{11}^*}{|Y_{21}|^2} - \frac{C_{Y_{21}}^I}{Y_{21}} + R_c E F^*\right) + G_{opt}' R_n'\right] \tag{7.35}$$

$$R_n' = \frac{C_{Y_{22}}^I}{|Y_{21}|^2} + R_{bx} + R_e + R_c |E|^2 \tag{7.36}$$

$$G_{opt}' = \sqrt{\frac{C_{Y_{11}}^I + \frac{C_{Y_{22}}^I |Y_{11}|^2}{|Y_{21}|^2} - 2\mathrm{Re}\left(\frac{Y_{11} C_{Y_{21}}^I}{Y_{21}}\right) + R_c |F|^2}{R_n'} - |B_{opt}'|^2} \tag{7.37}$$

$$B'_{\text{opt}} = \frac{1}{R'_{\text{n}}}\text{Im}\left(\frac{C^{I}_{Y_{22}}Y^{*}_{11}}{|Y_{21}|^{2}} - \frac{C^{I}_{Y_{21}}}{Y_{21}} + R_{\text{e}}EF^{*}\right) \qquad (7.38)$$

（7）下面考虑输入网络的影响。由于输入网络仅由电容和电感构成，为无损耗网络，因此器件最小噪声系数不会改变，噪声电阻 R_{n} 和 G_{opt} 的乘积 $R_{\text{n}}G_{\text{opt}}$ 保持不变，最佳源导纳 Y_{opt} 可以表示为

$$Y_{\text{opt}} = \frac{1}{\dfrac{1}{Y'_{\text{opt}}} - \text{j}\omega L_{\text{b}}} - \text{j}\omega C_{\text{pb}} \qquad (7.39)$$

这样，总的网络噪声参数可以由下面的公式获得：

$$F_{\text{min}} = F'_{\text{min}} \qquad (7.40)$$

$$G_{\text{opt}} = \frac{G'_{\text{opt}}}{1 + \omega^{2}L_{\text{b}}^{2}|Y'_{\text{opt}}|^{2} + 2\omega B'_{\text{opt}}L_{\text{b}}} \qquad (7.41)$$

$$B_{\text{opt}} = \frac{B'_{\text{opt}} + \omega L_{\text{b}}|Y'_{\text{opt}}|^{2}}{1 + \omega^{2}L_{\text{b}}^{2}|Y'_{\text{opt}}|^{2} + 2\omega B'_{\text{opt}}L_{\text{b}}} - \omega C_{\text{pb}} \qquad (7.42)$$

$$R_{\text{n}} = \frac{R'_{\text{n}}G'_{\text{opt}}}{G_{\text{opt}}} \qquad (7.43)$$

在较低频率的情况下，输入网络和输出网络可以忽略，共基极电流增益 α 接近 1，噪声相关项接近 0，则上述公式可以简化为[5]

$$R_{\text{n}} = \frac{R_{\text{be}}^{2}I_{\text{C}}}{2V_{\text{T}}} + R_{\text{bi}}\left[1 + (R_{\text{bi}} + 2R_{\text{be}})\frac{I_{\text{B}}}{2V_{\text{T}}}\right] + R_{\text{bx}} + R_{\text{e}} \qquad (7.44)$$

$$B_{\text{opt}} = -\omega(C_{\text{ex}} + C_{\text{bc}}) \qquad (7.45)$$

$$G_{\text{opt}} = \sqrt{\frac{I_{\text{B}}}{2V_{\text{T}}R_{\text{n}}}} \qquad (7.46)$$

$$F_{\text{min}} = 1 + 2\left(\frac{R_{\text{bi}}I_{\text{B}}}{2V_{\text{T}}} + \sqrt{\frac{I_{\text{B}}R_{\text{n}}}{2V_{\text{T}}}}\right) \qquad (7.47)$$

值得注意的是，低频情况下的噪声参数仅由电阻 R_{bx}、R_{e}、R_{be} 和 R_{bi} 以及 B-C 结本征电容 C_{ex} 和寄生电容 C_{bc} 决定。

为了验证上述公式，我们对发射极面积为 5×5 μm^{2} 的双异质结 InP/InGaAs DHBT 进行了测试[7]。S 参数测试采用 Agilent 8510C，频率范围为 10 GHz ~ 40 GHz，直流偏置采用 Agilent 4156A。噪声参数测试频率范围为 2 GHz ~ 20 GHz，仪器为 ATN 公司的 NP5 测试系统。表 7.1 和表 7.2 给出了发射极面积为 5×5 μm^{2} 的双异质结 InP/InGaAs DHBT 寄生参数和不同偏置条件下的本征

参数。图 7.4 给出了模拟数据和测试数据 S 参数对比曲线,频率范围为 10 GHz~40 GHz。图 7.5~图 7.7 给出了不同偏置下的噪声参数测试数据和利用上述计算公式获得的计算数据,图 7.8 给出了测试数据和计算数据随偏置 (V_{ce} 和 I_b) 变化对比曲线(频率为 16 GHz),从图中可以看出二者吻合得很好,验证了计算公式的正确性。

表 7.1　InP/InGaAs DHBT 寄生参数

参数	值
C_{pb}/fF	14.5
C_{pc}/fF	13.5
C_{pbc}/fF	1.7
L_b/pH	44.5
L_c/pH	42.5
L_e/pH	7.5
R_{bx}/Ω	3.5
R_c/Ω	18.0
R_e/Ω	3.5

表 7.2　InP/InGaAs DHBT 本征参数

$I_b/\mu A$	50	100	150
I_c/mA	1.84	4.32	6.92
α	0.98	0.98	0.99
f_α/GHz	75	140	155
τ/ps	0.60	0.55	0.40
C_{ex}/fF	38	38	40
C_{bc}/fF	8	8	8
R_{bi}/Ω	220	220	220
C_{be}/pF	0.11	0.15	0.20
R_{be}/Ω	20	7	5

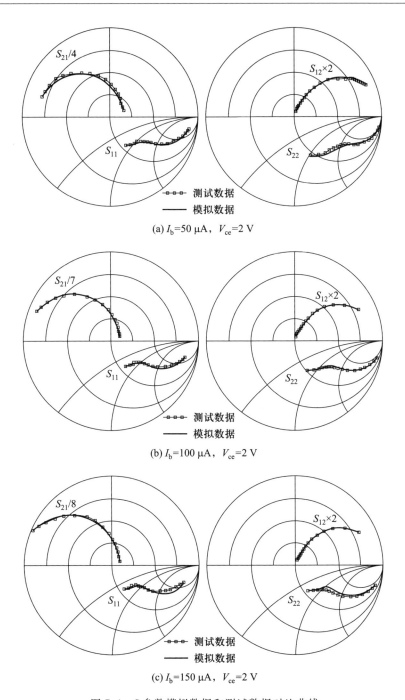

(a) I_b=50 μA，V_{ce}=2 V

(b) I_b=100 μA，V_{ce}=2 V

(c) I_b=150 μA，V_{ce}=2 V

图 7.4 S 参数模拟数据和测试数据对比曲线

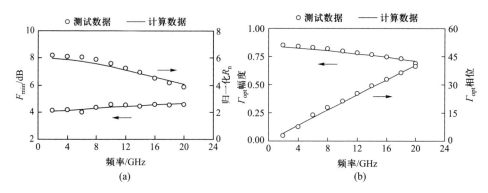

图 7.5　测试数据和计算数据随频率变化对比曲线
（偏置条件：$I_b = 50\ \mu A$，$V_{ce} = 2\ V$）

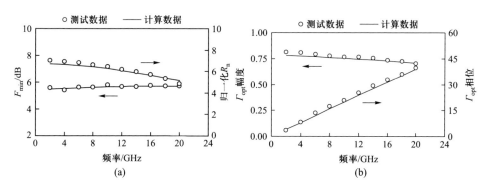

图 7.6　测试数据和计算数据随频率变化对比曲线
（偏置条件：$I_b = 100\ \mu A$，$V_{ce} = 2\ V$）

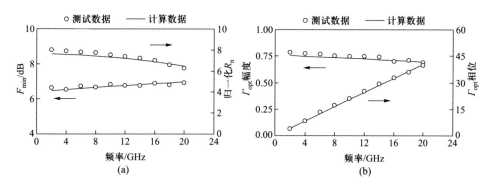

图 7.7　测试数据和计算数据随频率变化对比曲线
（偏置条件：$I_b = 150\ \mu A$，$V_{ce} = 2\ V$）

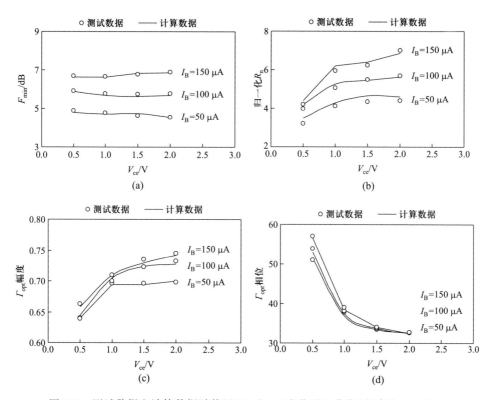

图 7.8 测试数据和计算数据随偏置(V_{ce} 和 I_b)变化对比曲线(频率为 16 GHz)

为了验证低频情况下的噪声参数计算公式,图 7.9 给出了测试数据和计算数据随频率变化对比曲线,从图中可以看到,在频率低于 6 GHz 的情况下,测试数据和计算数据相当吻合,因此利用准确的小信号等效电路模型可以直接模拟频率较低情况下的噪声参数,对于工业生产具有重要的意义。

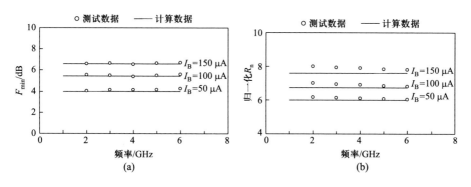

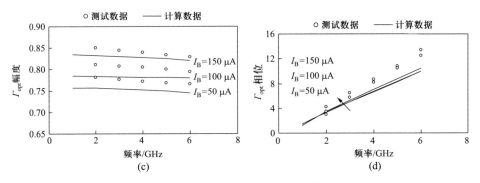

图 7.9　测试数据和计算数据随频率变化对比曲线

（偏置条件：$V_{ce} = 2 \text{ V}$）

7.3　异质结晶体管噪声参数提取方法

异质结晶体管 HBT 的 4 个噪声参数提取目前主要有以下两种方法：一种是基于调谐器原理的噪声参数提取方法[8-12]，另一种是基于 50 Ω 噪声测量系统的提取方法[13]，下面分别讨论这两种方法的基本原理。

7.3.1　基于调谐器原理的噪声参数提取方法

HBT 器件噪声参数提取通过基于调谐器原理的噪声测试系统来完成，即通过测试不同源阻抗（源反射系数）情况下的器件噪声系数，求解方程来确定器件的噪声参数。噪声系数和 4 个噪声参数（最佳噪声系数 $F_{\min}$、最佳噪声电阻 R_n、最佳源电导 G_{opt} 和源电纳 B_{opt}）之间的关系为

$$F = F_{\min} + \frac{R_n}{G_s} \left[\left(G_{opt} - G_s \right)^2 + \left(B_{opt} - B_s \right)^2 \right] \tag{7.48}$$

要确定 4 个噪声参数，那么至少需要 4 个不同阻值的源阻抗。为了提高提取的噪声参数的精度，一般情况下需要 7 个甚至更多的源阻抗。图 7.10 给出了典型的基于调谐器原理的噪声测试系统框图，图中 Γ_s 和 Γ_{out} 分别表示 HBT 器件的输入发射系数和输出发射系数。图 7.11 给出了典型的调谐器阻抗分布图，即 HBT 器件源反射系数分布图。

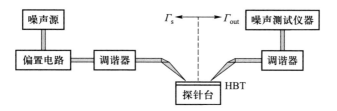

图 7.10 典型的基于调谐器原理的噪声测试系统框图

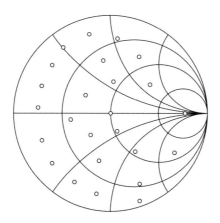

图 7.11 典型的调谐器阻抗分布图

假设

$$A = F_{\min} - 2R_n G_{opt} \qquad (7.49)$$

$$B = R_n \qquad (7.50)$$

$$C = R_n (G_{opt}^2 + B_{opt}^2) \qquad (7.51)$$

$$D = -2R_n B_{opt} \qquad (7.52)$$

将式(7.49)~式(7.52)代入式(7.48),可以得到[8]

$$F = A + BG_s + \frac{C + BB_s^2 + DB_s}{G_s} \qquad (7.53)$$

设误差函数为

$$\varepsilon = \frac{1}{2} \sum_{i=1}^{n} \left[A + B\left(G_i + \frac{B_i^2}{G_i} \right) + \frac{C}{G_i} + \frac{DB_i}{G_i} - F_i \right]^2 \qquad (7.54)$$

式中,F_i 为测量得到的噪声系数,G_i 和 B_i 分别为源电导和电纳。

要使误差函数 ε 达到最小,有

$$\frac{\partial \varepsilon}{\partial A} = \sum_{i=1}^{n} P = 0 \qquad (7.55)$$

$$\frac{\partial \varepsilon}{\partial B} = \sum_{i=1}^{n} \left(G_i + \frac{B_i^2}{G_i} \right) P = 0 \tag{7.56}$$

$$\frac{\partial \varepsilon}{\partial C} = \sum_{i=1}^{n} \frac{1}{G_i} P = 0 \tag{7.57}$$

$$\frac{\partial \varepsilon}{\partial D} = \sum_{i=1}^{n} \frac{B_i}{G_i} P = 0 \tag{7.58}$$

$$P = A + B \left(G_i + \frac{B_i^2}{G_i} \right) + \frac{C}{G_i} + \frac{D B_i}{G_i} - F$$

求解式(7.48)~式(7.58),得到 A、B、C 和 D,可以直接确定噪声参数:

$$F_{\min} = A + \sqrt{4BC - D^2} \tag{7.59}$$

$$R_n = B \tag{7.60}$$

$$G_{\mathrm{opt}} = \frac{\sqrt{4BC - D^2}}{2B} \tag{7.61}$$

$$B_{\mathrm{opt}} = -\frac{D}{2B} \tag{7.62}$$

一个典型的微波射频噪声参数测试系统如图 7.12 所示,宽带噪声源工作频带可以高达 50 GHz,微波阻抗调谐器是用来改变半导体器件源阻抗的主要部件。此外,噪声参数测试系统还包括噪声参数分析仪和半导体器件参数分析仪以及微波探针等。

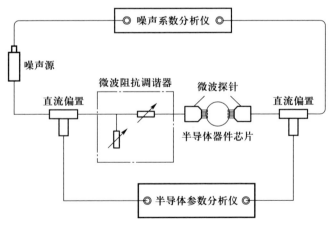

图 7.12 噪声参数测试系统

7.3.2 基于 50 Ω 噪声测量系统的场效应晶体管噪声参数提取方法

基于调谐器的场效应晶体管器件噪声参数提取的基本原理是将噪声系数作为源阻抗的一个函数[8-12],主要缺点是需要一个价格昂贵的调谐器,同时由于采用优化方法,非常耗时并且需要较多的源阻抗点数。

为了克服上述缺点,很多研究人员利用器件的等效电路模型来降低测量的复杂性,这里介绍一种改进的基于 50 Ω 噪声测量系统(噪声系数为 F_{50})来提取器件噪声参数的方法[13],与以前的方法相比有以下几点好处:

（1）对于噪声源和噪声矩阵没有任何假设和限制。

（2）仅需要确定 PAD 电容 C_{pb}、C_{pc} 和 C_{pbc},寄生电感 L_b、L_c 和 L_e,以及寄生集电极电阻 R_c,其他寄生和本征元件无须确定。

（3）由 F_{50} 直接确定 4 个噪声参数的初始数值,可加速优化速度和提高提取参数的精度。

1. 噪声模型

根据第 7.2 节介绍的 HBT 器件噪声参数计算公式,对于本征部分,噪声参数可以表示为角频率 ω 的一次函数或者二次函数:

$$F_{min}^{INT} = K_A(1 + K_A'\omega^2) \tag{7.63}$$

$$G_{opt}^{INT} = K_B\sqrt{(1 + K_B'\omega^2)} \tag{7.64}$$

$$B_{opt}^{INT} = K_C\omega \tag{7.65}$$

$$R_n^{INT} = K_D(1 + K_D'\omega^2) \tag{7.66}$$

式中,K_A,K_A',K_B,K_B',K_C,K_D 和 K_D' 为拟合因子,初始数值由下面的公式给出:

$$K_A = 1 + 2\left[\frac{R_{bi}I_B}{2V_T} + \sqrt{\frac{I_B R_n}{2V_T}}\right] \tag{7.67}$$

$$K_B = \sqrt{\frac{I_B}{2V_T R_n}} \tag{7.68}$$

$$K_C = C_{ex} + C_{bc} \tag{7.69}$$

$$K_D = \frac{R_{be}^2 I_C}{2V_T} + R_{bi}\left[1 + (R_{bi} + 2R_{be})\frac{I_B}{2V_T}\right] + R_{bx} + R_e \tag{7.70}$$

$$K_A' \approx \frac{V_T(R_{be}C_{be})^2}{I_B R_{bi}}\left(1 + \frac{K_D}{R_{bi}}\right) + \frac{K_D'}{2} \tag{7.71}$$

$$K'_B \approx \frac{2V_T (R_{be} C_{be})^2}{I_B R_{bi}} \left(1 + \frac{K_D}{R_{bi}} \right) - K'_D \qquad (7.72)$$

$$K'_D \approx - \frac{I_C}{K_D V_T} R_{bi} (R_{bi} + 2R_{be}) \left(\frac{1}{\omega_\alpha} + \tau \right) \tau \qquad (7.73)$$

由于 R_{bx} 和 R_e 仅影响噪声拟合因子,因此式(7.63)~式(7.66)对于本征网络加上 R_{bx} 和 R_e 网络均成立,从而 4 个频率相关的噪声参数变成 7 个和频率不相关的噪声拟合因子,使得 4 个噪声参数从 50 Ω 测量系统中直接提取成为可能。

很明显从式(7.63)~式(7.66)可以看到,当频率较低(典型数据 $f<3$ GHz)时,F_{min}^{INT}、G_{opt}^{INT} 及 R_n^{INT} 和频率无关,$B_{opt}^{INT'}$ 和角频率 ω 成正比:

$$F_{min}^{INT} = K_A \qquad (7.74)$$

$$G_{opt}^{INT} = K_B \qquad (7.75)$$

$$B_{opt}^{INT} = K_C \omega \qquad (7.76)$$

$$R_n^{INT} = K_D \qquad (7.77)$$

这样一来,K_A、K_B、K_C 和 K_D 可以利用低频情况下的器件噪声系数来确定;K'_A、K'_B 和 K'_D 需要利用高频情况下的器件噪声系数来确定。值得注意的是,K_C 既可以在低频情况下提取,也可以由高频情况下的噪声系数得到。K_A、K_B 和 K_D 称为低频拟合因子,而 K'_A、K'_B 和 K'_D 称为高频拟合因子。

2. 噪声参数提取流程

寄生元件(C_{pb},C_{pc},C_{pbc},L_b,L_c,L_e 和 R_c)确定以后,可以按照以下步骤进行噪声参数的提取:

(1)测量器件的 S 参数。

(2)将 S 参数变换为 Y 参数,削去 PAD 电容(C_{pb},C_{pc} 和 C_{pbc})的影响。

(3)将 Y 参数变换为 Z 参数,削去寄生电感(L_b,L_c,L_e)和漏极寄生电阻 R_c 的影响。

(4)测量包含输入网络、输出网络以及器件的整体网络的噪声系数(F_m)。

(5)测量输入网络和输出网络的 S 参数。如图 7.13 所示,输入网络和输出网络分别包括同轴开关、偏置网络和微波探针,由于输入网络和输出网络两端接口类型不同,一端是同轴,另一端是共面波导,无法利用矢量网络分析仪直接测量二端口的 S 参数,因此这里采用单端口测量技术来确定输入网络和输出网络的 S 参数[14]。

对于负载为 Γ_L 的二口网络,输入反射系数为

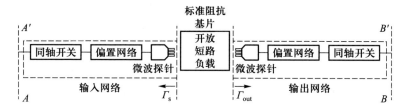

图 7.13 输入网络和输出网络 S 参数测量方法

$$S_{in} = S_{11} + \frac{S_{12}S_{21}\Gamma_L}{1 - S_{22}\Gamma_L} \tag{7.78}$$

当微波探针分别接到开路、短路和负载校准件上时,相应的负载反射系数 Γ_L 分别为 1、−1 和 0,根据这 3 种情况下的 S 参数,可以直接获得输入网络和输出网络的 S 参数:

$$S_{11} = S_{11}^{LOAD} \tag{7.79}$$

$$S_{22} = \frac{S_{11}^{OPEN} + S_{11}^{SHORT} - 2S_{11}}{S_{11}^{OPEN} - S_{11}^{SHORT}} \tag{7.80}$$

$$S_{12} = S_{21} = \sqrt{(S_{11}^{OPEN} - S_{11})(1 - S_{22})} \tag{7.81}$$

这里 S_{11}^{OPEN}、S_{11}^{SHORT} 和 S_{11}^{LOAD} 分别为微波探针接到开路、短路和负载校准件上时的网络反射系数。

实际测量系统的特性阻抗并不是 50 Ω,源电导 G_s(Y_s 的实部)和负载电导 G_{out}(Y_{out} 的实部)相对于 50 Ω 系统($G_s = G_{out} = 20$ mS)有一个小的偏差;同时源电纳 B_s(Y_s 的虚部)和负载电导 B_{out}(Y_{out} 的虚部)相对于 50 Ω 系统($B_s = B_{out} = 0$)同样存在小的偏差。

(6) 计算被测器件的噪声系数

根据噪声级联公式,输入输出网络和被测器件全部网络的噪声系数为

$$F_m = F_{IN} + \frac{F_D - 1}{G_{IN}} + \frac{F_{OUT} - 1}{G_{IN}G_D} \tag{7.82}$$

这里,F_{IN} 和 G_{IN} 分别为输入网络的噪声系数和可用功率增益,F_D 和 G_D 分别为被测器件的噪声系数和可用功率增益,F_{OUT} 为输出网络的噪声系数,F_m 为测量网络的噪声系数。

由于输入输出网络为无源网络,其噪声系数可以表示为[15]

$$F_{IN} = 1/G_{IN}, \quad F_{OUT} = 1/G_{OUT} \tag{7.83}$$

$$F_D = G_{IN}F_m - \frac{1 - G_{OUT}}{G_{OUT}G_D} \tag{7.84}$$

可用功率增益 G_{IN}、G_{OUT} 和 G_{D} 可以直接由相应网络的 S 参数确定：

$$G_{\mathrm{IN}} = \frac{|S_{21}^{\mathrm{IN}}|^2}{1 - |S_{22}^{\mathrm{IN}}|^2} \tag{7.85}$$

$$G_{\mathrm{D}} = \frac{|S_{21}|^2(1 - |\varGamma_{\mathrm{s}}|^2)}{|1 - S_{11}\varGamma_{\mathrm{s}}|^2(1 - |S_{22}'|^2)} \tag{7.86}$$

这里，

$$S_{22}' = S_{22} + \frac{S_{12}S_{21}\varGamma_{\mathrm{s}}}{1 - S_{11}\varGamma_{\mathrm{s}}} \tag{7.87}$$

可用功率增益 G_{OUT} 的公式和 G_{IN} 基本一致。

（7）设置拟合因子 K_A、K_B、K_C 和 K_D 的初始数值，根据低频情况下的 $F_{\min}^{\mathrm{INT}}$、$G_{\mathrm{opt}}^{\mathrm{INT}}$、$B_{\mathrm{opt}}^{\mathrm{INT}}$ 和 $R_{\mathrm{n}}^{\mathrm{INT}}$ 来计算本征器件的级联噪声矩阵 $\boldsymbol{C}_A^D$。

（8）将 $\boldsymbol{C}_A^D$ 转换为阻抗噪声相关矩阵，加入寄生电感（L_{b}，L_{c} 和 L_{e}）和集电极电阻 R_{c} 的影响。

（9）将阻抗噪声相关矩阵转换为导纳噪声相关矩阵，加入 PAD 电容（C_{pb}，C_{pc} 和 C_{pbc}）的影响。

（10）将导纳噪声相关矩阵转换为级联噪声相关矩阵，并计算被测器件的噪声系数：

$$F_{\mathrm{MODEL}} = 1 + 2\left[C_{A_{12}} + C_{A_{11}}\left(\sqrt{\frac{C_{A_{22}}}{C_{A_{11}}} - \left[\frac{\mathrm{Im}(C_{A_{12}})}{C_{A_{11}}}\right]^2} + \mathrm{j}\frac{\mathrm{Im}(C_{A_{12}})}{C_{A_{11}}}\right)\right] +$$
$$\frac{C_{A_{11}}}{G_S}\left(\frac{C_{A_{22}}}{C_{A_{11}}} + G_S^2 - 2G_S\sqrt{\frac{C_{A_{22}}}{C_{A_{11}}} - \left[\frac{\mathrm{Im}(C_{A_{12}})}{C_{A_{11}}}\right]^2}\right) \tag{7.88}$$

（11）计算误差标准：

$$\varepsilon = \frac{1}{N-1}\sum_{i=0}^{N-1}|F_{\mathrm{MODEL}}(f_i) - F_{\mathrm{MEASURE}}(f_i)|^2 \tag{7.89}$$

式中，N 为频率点，$F_{\mathrm{MEASURE}}(f_i)$ 为测试得到的在频率 f_i 下的噪声系数，$F_{\mathrm{MODEL}}(f_i)$ 为模拟得到的在频率 f_i 下的噪声系数。

如果 $\varepsilon > \varepsilon_0$，更新 $F_{\min}^{\mathrm{INT}}$、$G_{\mathrm{opt}}^{\mathrm{INT}}$、$B_{\mathrm{opt}}^{\mathrm{INT}}$ 和 $R_{\mathrm{n}}^{\mathrm{INT}}$ 的数值，利用最小二乘法减小 ε。

（12）设置拟合因子 K_A'、K_B' 和 K_D' 的初始数值，根据高频情况下的 $F_{\min}^{\mathrm{INT}}$，$G_{\mathrm{opt}}^{\mathrm{INT}}$，$B_{\mathrm{opt}}^{\mathrm{INT}}$ 和 $R_{\mathrm{n}}^{\mathrm{INT}}$ 计算本征器件的级联噪声矩阵 $\boldsymbol{C}_A^D$，重复步骤（8）~（11）。

$$K_A' = \frac{F_{\min}^{\mathrm{c}} - K_A}{K_A\omega^2} \tag{7.90}$$

$$K'_B = \frac{(G^c_{opt} - K_B)^2}{K_B \omega^2} \qquad (7.91)$$

$$K'_D = \frac{R^c_n - K_D}{K_D \omega^2} \qquad (7.92)$$

这里 F^c_{min}，G^c_{opt} 和 R^c_n 表示计算得到 HBT 本征噪声参数。

3. 测试结果与讨论

图 7.14 给出了基于 50 Ω 噪声系数测量系统的框图，噪声源频率可以达到 50 GHz，噪声系数分析仪频率可以达到 26.5 GHz，由于需要同时测试 S 参数，因此存在同轴开关，网络参数分析仪频率可以达到 40 GHz。与典型的器件噪声参数测试系统相比，该系统的特点是不需要微波调谐器，因此可以大大降低成本。

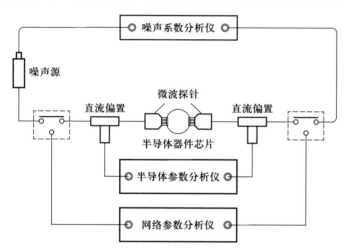

图 7.14　50 Ω 噪声系数测量系统

图 7.15 给出了测试的源反射系数 (Γ_s) 曲线，可以看到 Γ_s 有一些波动。图 7.16 给出了 HBT 器件 F_{50} 模拟数据和测试数据对比曲线，由于系统特性阻抗并

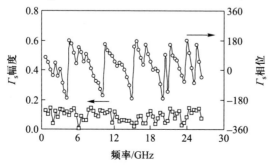

图 7.15　源反射系数随频率变化曲线

非准确的 50 Ω,因此会有较大的波动。

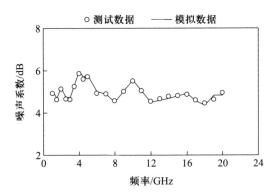

图 7.16　HBT 器件 F_{50} 模拟数据和测试数据对比曲线

(偏置条件:$I_b = 60$ μA,$V_{ce} = 2.0$ V,$I_c = 3.1$ mA)

　　表 7.3 和表 7.4 给出了 1.6×20 μm² InP/InGaAs DHBT 寄生参数和随偏置电流变化的本征参数数值,图 7.17 给出了偏置条件为 $I_b = 60$ μA 和 $V_{ce} = 2.0$ V ($I_c = 3.1$ mA)情况下噪声参数模拟数据与测试数据对比曲线,值得注意的是利用本节介绍的方法在较低频率下测试数据的密度需要大一些。图 7.18 给出了在频率 12 GHz 情况下噪声参数随集电极电流 I_c 变化曲线,从图中可以看到测试数据和模拟数据吻合得很好,表 7.5 给出了不同偏置状态下噪声拟合因子提取结果随 I_c 变化情况。

表 7.3　1.6×20 μm² InP/InGaAs DHBT 寄生参数

参数	数值
C_{pb}/fF	10
C_{pc}/fF	9
C_{pbc}/fF	2
L_b/pH	40
L_c/pH	42
L_e/pH	8
R_{bx}/Ω	3
R_c/Ω	10
R_e/Ω	3

表7.4　1.6×20 μm² InP/InGaAs DHBT 寄生参数本征参数

I_b /μA	I_c /mA	α	f_α /GHz	τ /ps	C_{ex} /fF	C_{bc} /fF	R_{bi} /Ω	C_{be} /pF	R_{be} /Ω
20	1.00	0.980	40	0.90	45	9	70	0.15	26.00
40	1.98	0.982	60	0.86	38	8	75	0.20	13.00
60	3.08	0.983	80	0.82	35	7	78	0.24	8.80
80	4.20	0.984	90	0.80	35	7	80	0.28	6.20
100	5.32	0.985	100	0.77	35	7	82	0.34	4.88
120	6.52	0.985	110	0.75	35	7	84	0.39	4.00
140	7.76	0.986	120	0.73	35	7	85	0.43	3.35
160	8.98	0.987	130	0.70	35	7	87	0.47	3.00
180	10.20	0.988	140	0.67	34	6	90	0.50	2.60

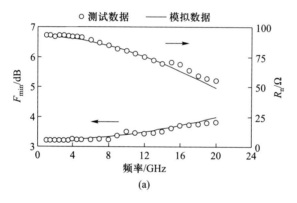

(a)

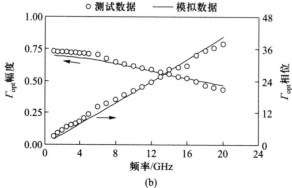

(b)

图 7.17　1.6×20 μm² InP/InGaAs DHBT 噪声参数模拟数据与测试数据对比曲线
（偏置条件：$I_b = 60$ μA，$V_{ce} = 2.0$ V，$I_c = 3.1$ mA）

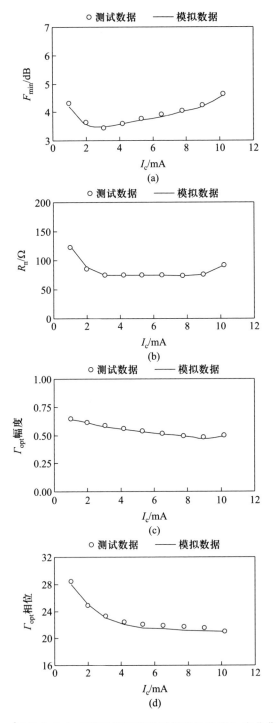

图 7.18　1.6×20 μm² InP/InGaAs DHBT 噪声参数随集电极电流 I_c 变化曲线(频率 12 GHz)

表 7.5 噪声拟合因子提取结果随 I_c 变化情况

I_c /mA	K_A	K'_A /10^{-5}	K_B /10^{-3}	K'_B /10^{-4}	K_C /10^{-5}	K_D	K'_D /10^{-5}
1.00	2.35	1.25	1.80	9.00	−5.50	170	−4.00
2.00	2.10	1.40	2.50	5.00	−5.00	112	−3.20
3.08	2.05	1.27	3.00	3.20	−4.70	92	−2.54
4.20	2.10	1.40	3.40	2.80	−4.40	90	−2.00
5.32	2.20	1.30	3.70	2.60	−4.20	85	−1.72
6.52	2.25	1.30	4.00	2.40	−4.20	80	−1.40
7.76	2.35	1.30	4.40	2.20	−4.20	80	−1.30
8.98	2.45	1.29	4.50	2.10	−4.20	85	−1.20
10.20	2.65	1.27	4.55	2.00	−4.20	95	−1.20

7.4 共基极、共集电极和共发射极结构的场效应晶体管

共发射极(CE)结构的 HBT 器件在微波毫米波电路中应用最为广泛;共基极(CB)结构的优点在于易于宽带匹配,可以得到较好的宽带增益特性,因此共基极结构的电路更适用于高速微波光纤通信系统;共集电极(CC)结构广泛应用在单片微波集成电路的隔离和缓冲电路设计中。

对于微波电路设计人员来说,HBT 共发射极、共集电极和共基极三种结构的特性包括 S 参数和噪声参数均是必需的。通常情况下,HBT 三种结构的 S 参数和噪声参数可以利用相应的测试结构直接获得,但是这种方法需要在一个芯片上对每一个器件设计三种不同的结构,既浪费了芯片面积又受到芯片不均匀性的影响。本节介绍一种简单并且有效的方法[16],利用共发射极结构的特性预测其他两种结构的微波特性,该方法基于等效电路模型和噪声矩阵变换技术。共基极、共集电极结构的信号和噪声特性可以直接由一组简单的计算公式获得,该方法为三种结构的特性的变换提供了桥梁。

7.4.1　信号参数之间的关系

图 7.19~图 7.21 分别给出了 HBT 器件 CE、CB 和 CC 结构的等效电路框图，图中 C_{pi}、C_{po} 和 C_{pio} 分别表示输入 PAD 电容、输出 PAD 电容和输入输出 PAD 之间的耦合电容。由于 PAD 电容对于 CE、CB 和 CC 结构均相等，因此本节将不讨论 PAD 电容的影响。

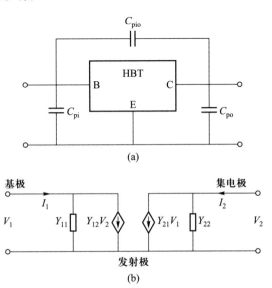

图 7.19　HBT 器件 CE 结构的等效电路框图

通过比较 HBT 器件 CE、CB 和 CC 结构的 Y 参数，CB 和 CC 结构的 Y 参数可以直接通过 CE 结构的 Y 参数获得：

$$Y_{11}^{CB} = Y_{11}^{CE} + Y_{12}^{CE} + Y_{21}^{CE} + Y_{22}^{CE} \tag{7.93}$$

$$Y_{12}^{CB} = -\left(Y_{12}^{CE} + Y_{22}^{CE} \right) \tag{7.94}$$

$$Y_{21}^{CB} = -\left(Y_{21}^{CE} + Y_{22}^{CE} \right) \tag{7.95}$$

$$Y_{22}^{CB} = Y_{22}^{CE} \tag{7.96}$$

$$Y_{11}^{CC} = Y_{11}^{CE} \tag{7.97}$$

$$Y_{12}^{CC} = -\left(Y_{12}^{CE} + Y_{11}^{CE} \right) \tag{7.98}$$

$$Y_{21}^{CC} = -\left(Y_{21}^{CE} + Y_{11}^{CE} \right) \tag{7.99}$$

$$Y_{22}^{CC} = Y_{11}^{CE} + Y_{12}^{CE} + Y_{21}^{CE} + Y_{22}^{CE} \tag{7.100}$$

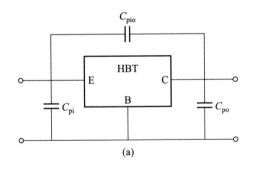

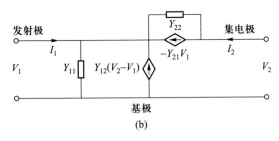

图 7.20　HBT 器件 CB 结构的等效电路框图

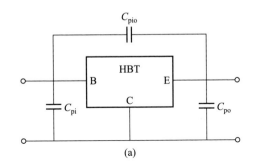

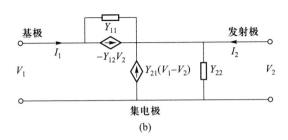

图 7.21　HBT 器件 CC 结构的等效电路框图

　　基于上述关系，利用矩阵转换技术很容易建立 HBT 器件 CE、CB 和 CC 结构的 Z 参数、$ABCD$ 参数以及 S 参数之间的关系。表 7.6 和表 7.7 分别给出了 CE

和 CB 结构以及 CE 和 CC 结构之间关系的具体表达式。

表 7.6　CE 和 CB 结构 Z 参数、$ABCD$ 参数以及 S 参数之间的关系

	CE 结构	CB 结构
Z 参数	$Z_{11}^{CE} = Z_{11}^{CB}$ $Z_{12}^{CE} = Z_{11}^{CB} - Z_{12}^{CB}$ $Z_{21}^{CE} = Z_{11}^{CB} - Z_{21}^{CB}$ $Z_{22}^{CE} = Z_{11}^{CB} + Z_{22}^{CB} - Z_{21}^{CB} - Z_{12}^{CB}$	$Z_{11}^{CB} = Z_{11}^{CE}$ $Z_{12}^{CB} = Z_{11}^{CE} - Z_{12}^{CE}$ $Z_{21}^{CB} = Z_{11}^{CE} - Z_{21}^{CE}$ $Z_{22}^{CB} = Z_{11}^{CE} + Z_{22}^{CE} - Z_{21}^{CE} - Z_{12}^{CE}$
$ABCD$ 参数	$A^{CE} = A^{CB}/(A^{CB}-1)$ $B^{CE} = B^{CB}/(A^{CB}-1)$ $C^{CE} = C^{CB}/(A^{CB}-1)$ $D^{CE} = 1 - D^{CB} + B^{CB}C^{CB}/(A^{CB}-1)$	$A^{CB} = A^{CE}/(A^{CE}-1)$ $B^{CB} = B^{CE}/(A^{CE}-1)$ $C^{CB} = C^{CE}/(A^{CE}-1)$ $D^{CB} = 1 - D^{CE} + B^{CE}C^{CE}/(A^{CE}-1)$
S 参数	$S_{11}^{CE} = \dfrac{1}{K}\left[3S_{11}^{CB} + 2(S_{12}^{CB}+S_{12}^{CB}) + S_{22}^{CB} + \Delta S^{CB} - 1 \right]$ $S_{12}^{CE} = \dfrac{2}{K}\left[1 + S_{11}^{CB} - S_{22}^{CB} - 2S_{12}^{CB} - \Delta S^{CB} \right]$ $S_{21}^{CE} = \dfrac{2}{K}\left[1 + S_{11}^{CB} - S_{22}^{CB} - 2S_{21}^{CB} - \Delta S^{CB} \right]$ $S_{22}^{CE} = \dfrac{1}{K}\left[3S_{22}^{CB} - 2(S_{12}^{CB}+S_{12}^{CB}) + S_{11}^{CB} - \Delta S^{CB} + 1 \right]$ $\Delta S^{CB} = S_{11}^{CB}S_{22}^{CB} - S_{12}^{CB}S_{21}^{CB}$ $K = 5 - \Delta S^{CB} + S_{11}^{CB} - S_{22}^{CB} - 2(S_{12}^{CB}+S_{21}^{CB})$	$S_{11}^{CB} = \dfrac{1}{k}\left[3S_{11}^{CE} + 2(S_{12}^{CE}+S_{12}^{CE}) + S_{22}^{CE} + \Delta S^{CE} - 1 \right]$ $S_{12}^{CB} = \dfrac{2}{k}\left[1 + S_{11}^{CE} - S_{22}^{CE} - 2S_{12}^{CE} - \Delta S^{CE} \right]$ $S_{21}^{CB} = \dfrac{2}{k}\left[1 + S_{11}^{CE} - S_{22}^{CE} - 2S_{21}^{CE} - \Delta S^{CE} \right]$ $S_{22}^{CB} = \dfrac{1}{k}\left[3S_{22}^{CE} - 2(S_{12}^{CE}+S_{12}^{CE}) + S_{11}^{CE} - \Delta S^{CE} + 1 \right]$ $\Delta S^{CE} = S_{11}^{CE}S_{22}^{CE} - S_{12}^{CE}S_{21}^{CE}$ $k = 5 - \Delta S^{CE} + S_{11}^{CE} - S_{22}^{CE} - 2(S_{12}^{CE}+S_{21}^{CE})$

表 7.7　CE 和 CC 结构 Z 参数、$ABCD$ 参数以及 S 参数之间的关系

	CE 结构	CC 结构
Z 参数	$Z_{11}^{CE} = Z_{11}^{CC} + Z_{22}^{CC} - Z_{21}^{CC} - Z_{12}^{CC}$ $Z_{12}^{CE} = Z_{22}^{CC} - Z_{12}^{CC}$ $Z_{21}^{CE} = Z_{22}^{CC} - Z_{21}^{CC}$ $Z_{22}^{CE} = Z_{22}^{CC}$	$Z_{11}^{CC} = Z_{11}^{CE} + Z_{22}^{CE} - Z_{21}^{CE} - Z_{12}^{CE}$ $Z_{12}^{CC} = Z_{22}^{CE} - Z_{12}^{CE}$ $Z_{21}^{CC} = Z_{22}^{CE} - Z_{21}^{CE}$ $Z_{22}^{CC} = Z_{22}^{CE}$

	CE 结构	CC 结构
A B C D 参 数	$A^{\mathrm{CE}}=1-A^{\mathrm{CC}}+B^{\mathrm{CC}}C^{\mathrm{CC}}/(D^{\mathrm{CC}}-1)$ $B^{\mathrm{CE}}=B^{\mathrm{CC}}/(D^{\mathrm{CC}}-1)$ $C^{\mathrm{CE}}=C^{\mathrm{CC}}/(D^{\mathrm{CC}}-1)$ $D^{\mathrm{CE}}=D^{\mathrm{CC}}/(D^{\mathrm{CC}}-1)$	$A^{\mathrm{CC}}=1-A^{\mathrm{CE}}+B^{\mathrm{CE}}C^{\mathrm{CE}}/(D^{\mathrm{CE}}-1)$ $B^{\mathrm{CC}}=B^{\mathrm{CE}}/(D^{\mathrm{CE}}-1)$ $C^{\mathrm{CC}}=C^{\mathrm{CE}}/(D^{\mathrm{CE}}-1)$ $D^{\mathrm{CC}}=D^{\mathrm{CE}}/(D^{\mathrm{CE}}-1)$
S 参 数	$S_{11}^{\mathrm{CE}}=\dfrac{1}{k}\left[\,3S_{11}^{\mathrm{CC}}-2(S_{12}^{\mathrm{CC}}+S_{12}^{\mathrm{CC}})+S_{22}^{\mathrm{CC}}-\Delta S^{\mathrm{CC}}+1\,\right]$ $S_{12}^{\mathrm{CE}}=\dfrac{2}{k}\left[\,1-S_{11}^{\mathrm{CC}}+S_{22}^{\mathrm{CC}}-2S_{12}^{\mathrm{CC}}-\Delta S^{\mathrm{CC}}\,\right]$ $S_{21}^{\mathrm{CE}}=\dfrac{2}{k}\left[\,1-S_{11}^{\mathrm{CC}}+S_{22}^{\mathrm{CC}}-2S_{21}^{\mathrm{CC}}-\Delta S^{\mathrm{CC}}\,\right]$ $S_{22}^{\mathrm{CE}}=\dfrac{1}{k}\left[\,3S_{22}^{\mathrm{CC}}+2(S_{21}^{\mathrm{CC}}+S_{12}^{\mathrm{CC}})+S_{11}^{\mathrm{CC}}+\Delta S^{\mathrm{CC}}-1\,\right]$ $\Delta S^{\mathrm{CC}}=S_{11}^{\mathrm{CC}}S_{22}^{\mathrm{CC}}-S_{12}^{\mathrm{CC}}S_{21}^{\mathrm{CC}}$ $K=5-\Delta S^{\mathrm{CC}}-S_{11}^{\mathrm{CC}}+S_{22}^{\mathrm{CC}}-2(S_{12}^{\mathrm{CC}}+S_{21}^{\mathrm{CC}})$	$S_{11}^{\mathrm{CC}}=\dfrac{1}{k}\left[\,3S_{11}^{\mathrm{CE}}-2(S_{12}^{\mathrm{CE}}+S_{21}^{\mathrm{CE}})+S_{22}^{\mathrm{CE}}-\Delta S^{\mathrm{CE}}+1\,\right]$ $S_{12}^{\mathrm{CC}}=\dfrac{2}{k}\left[\,1-S_{11}^{\mathrm{CE}}+S_{22}^{\mathrm{CE}}-2S_{12}^{\mathrm{CE}}-\Delta S^{\mathrm{CE}}\,\right]$ $S_{21}^{\mathrm{CC}}=\dfrac{2}{k}\left[\,1-S_{11}^{\mathrm{CE}}+S_{22}^{\mathrm{CE}}-2S_{21}^{\mathrm{CE}}-\Delta S^{\mathrm{CE}}\,\right]$ $S_{22}^{\mathrm{CC}}=\dfrac{1}{k}\left[\,3S_{22}^{\mathrm{CE}}+2(S_{21}^{\mathrm{CE}}+S_{12}^{\mathrm{CE}})+S_{11}^{\mathrm{CE}}+\Delta S^{\mathrm{CE}}-1\,\right]$ $\Delta S^{\mathrm{CE}}=S_{11}^{\mathrm{CE}}S_{22}^{\mathrm{CE}}-S_{12}^{\mathrm{CE}}S_{21}^{\mathrm{CE}}$ $k=5-\Delta S^{\mathrm{CE}}-S_{11}^{\mathrm{CE}}+S_{22}^{\mathrm{CE}}-2(S_{12}^{\mathrm{CE}}+S_{21}^{\mathrm{CE}})$

7.4.2 噪声参数之间的关系

图 7.22 给出了 HBT 器件 CE、CB 和 CC 结构的噪声等效电路框图,其中 $\overline{v_{\mathrm{CE}}^2}$ 和 $\overline{i_{\mathrm{CE}}^2}$ 为 CE 结构的两个相关噪声源,$\overline{v_{\mathrm{CB}}^2}$ 和 $\overline{i_{\mathrm{CB}}^2}$ 为 CB 结构的两个相关噪声源,$\overline{v_{\mathrm{CC}}^2}$ 和 $\overline{i_{\mathrm{CC}}^2}$ 为 CC 结构的两个相关噪声源。

CE、CB 和 CC 结构的级联 $ABCD$ 噪声相关矩阵可以表示为

$$C_A^{\mathrm{C}i}=\begin{bmatrix}\overline{v_{\mathrm{C}i}^2} & \overline{v_{\mathrm{C}i}i_{\mathrm{C}i}^*}\\[2mm] \overline{v_{\mathrm{C}i}^*i_{\mathrm{C}i}} & \overline{i_{\mathrm{C}i}^2}\end{bmatrix},\quad i=\mathrm{E,B,C} \tag{7.101}$$

用 4 个噪声参数表示的 $ABCD$ 噪声相关矩阵为

$$C_A^{\mathrm{C}i}=4kT\begin{bmatrix} R_{\mathrm{n}}^{\mathrm{C}i} & \dfrac{F_{\min}^{\mathrm{C}i}-1}{2}-R_{\mathrm{n}}^{\mathrm{C}i}(Y_{\mathrm{opt}}^{\mathrm{C}i})^*\\[4mm] \dfrac{F_{\min}^{\mathrm{C}i}-1}{2}-R_{\mathrm{n}}^{\mathrm{C}i}Y_{\mathrm{opt}}^{\mathrm{C}i} & R_{\mathrm{n}}^{\mathrm{C}i}\,|\,Y_{\mathrm{opt}}^{\mathrm{C}i}\,|^2\end{bmatrix},\quad i=\mathrm{E,B,C}$$

$$\tag{7.102}$$

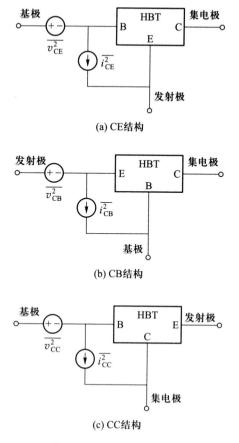

图 7.22　HBT 器件 CE、CB 和 CC 结构的噪声等效电路框图

图 7.22 中 CE、CB 和 CC 结构的噪声电压和电流源之间的关系可以表示为

$$v_{CB} = \frac{v_{CE}}{A^{CE} - 1} \tag{7.103}$$

$$i_{CB} = \frac{C^{CE}}{A^{CE} - 1} v_{CE} - i_{CE} \tag{7.104}$$

$$v_{CC} = v_{CE} + \frac{B^{CE}}{1 - D^{CE}} i_{CE} \tag{7.105}$$

$$i_{CC} = \frac{i_{CE}}{1 - D^{CE}} \tag{7.106}$$

图 7.23 用图示的方法给出了详细的 CE 和 CB 结构噪声源转换关系，图 7.24 给出了 CE 和 CC 结构噪声源转换关系[16]。噪声电压 v_1 和 v_2 可以表示为

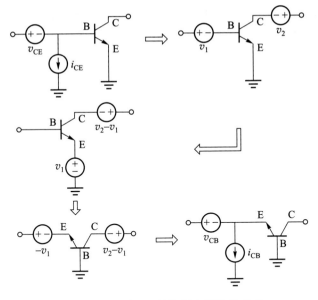

图 7.23 CE 和 CB 结构噪声源转换关系

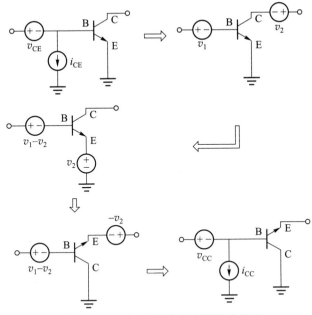

图 7.24 CE 和 CC 结构噪声源转换关系

$$v_1 = v_{CE} - i_{CE} Z_{11} \qquad (7.107)$$

$$v_2 = - i_{CE} Z_{21} \qquad (7.108)$$

　　通过比较 CE、CB 和 CC 结构的噪声电压和电流源,利用噪声矩阵转换技术很容易建立 CE、CB 和 CC 结构的噪声参数之间的关系。下面给出 CE、CB 和 CC 结构之间噪声参数关系的具体表达式。

　　CE 和 CB 结构噪声参数之间的关系为

$$R_{\mathrm{n}}^{\mathrm{CB}} = \frac{R_{\mathrm{n}}^{\mathrm{CE}} \, | \, Y_{21}^{\mathrm{CE}} \, |^2}{| \, Y_{21}^{\mathrm{CE}} + Y_{22}^{\mathrm{CE}} \, |^2} \tag{7.109}$$

$$B_{\mathrm{opt}}^{\mathrm{CB}} = \mathrm{Im}\left(\frac{\Delta Y^{\mathrm{CE}}}{Y_{21}^{\mathrm{CE}}}\right) + B_{\mathrm{opt}}^{\mathrm{CE}} \mathrm{Re}\left(\frac{Y_{22}^{\mathrm{CE}} + Y_{21}^{\mathrm{CE}}}{Y_{21}^{\mathrm{CE}}}\right) - \mathrm{Re}(k_3) \mathrm{Im}\left(\frac{Y_{22}^{\mathrm{CE}} + Y_{21}^{\mathrm{CE}}}{Y_{21}^{\mathrm{CE}}}\right) \tag{7.110}$$

$$G_{\mathrm{opt}}^{\mathrm{CB}} = \sqrt{\left|\frac{\Delta Y^{\mathrm{CE}}}{Y_{21}^{\mathrm{CE}}}\right|^2 + | \, Y_{\mathrm{opt}}^{\mathrm{CE}} \, |^2 \left|\frac{Y_{22}^{\mathrm{CE}} + Y_{21}^{\mathrm{CE}}}{Y_{21}^{\mathrm{CE}}}\right|^2 - 2k_1 - (B_{\mathrm{opt}}^{\mathrm{CB}})^2} \tag{7.111}$$

$$F_{\min}^{\mathrm{CB}} = 1 + 2\mathrm{Re}(G_{\mathrm{opt}}^{\mathrm{CB}} R_{\mathrm{n}}^{\mathrm{CB}} + k_2) \tag{7.112}$$

这里,

$$k_1 = \mathrm{Re}\left[\frac{\Delta Y^{\mathrm{CE}}}{Y_{21}^{\mathrm{CE}}}\left(\frac{Y_{22}^{\mathrm{CE}} + Y_{21}^{\mathrm{CE}}}{Y_{21}^{\mathrm{CE}}}\right)^* k_3\right]$$

$$k_2 = - R_{\mathrm{n}}^{\mathrm{CB}}\left(\frac{\Delta Y^{\mathrm{CE}}}{Y_{21}^{\mathrm{CE}}}\right)^* + \frac{k_3 R_{\mathrm{n}}^{\mathrm{CE}} Y_{21}^{\mathrm{CE}}}{Y_{22}^{\mathrm{CE}} + Y_{21}^{\mathrm{CE}}}$$

$$k_3 = \frac{F_{\min}^{\mathrm{CE}} - 1}{2R_{\mathrm{n}}^{\mathrm{CE}}} - (Y_{\mathrm{opt}}^{\mathrm{CE}})^*$$

$$\Delta Y^{\mathrm{CE}} = Y_{11}^{\mathrm{CE}} Y_{22}^{\mathrm{CE}} - Y_{12}^{\mathrm{CE}} Y_{21}^{\mathrm{CE}}$$

　　CE 和 CC 结构噪声参数之间的关系为

$$R_{\mathrm{n}}^{\mathrm{CC}} = R_{\mathrm{n}}^{\mathrm{CE}}\left[1 + \left|\frac{1}{Y_{11}^{\mathrm{CE}} + Y_{21}^{\mathrm{CE}}}\right|^2 | \, Y_{\mathrm{opt}}^{\mathrm{CE}} \, |^2\right] + 2k_4 \tag{7.113}$$

$$B_{\mathrm{opt}}^{\mathrm{CC}} = \frac{\mathrm{Im}\left[k_3 R_{\mathrm{n}}^{\mathrm{CE}}\left(\dfrac{Y_{21}^{\mathrm{CE}}}{Y_{11}^{\mathrm{CE}} + Y_{21}^{\mathrm{CE}}}\right)^*\right]}{R_{\mathrm{n}}^{\mathrm{CC}}} - \frac{R_{\mathrm{n}}^{\mathrm{CE}} | \, Y_{\mathrm{opt}}^{\mathrm{CE}} \, |^2 \mathrm{Im}\left(\dfrac{1}{Y_{21}^{\mathrm{CE}}}\right) | \, Y_{21}^{\mathrm{CE}} \, |^2}{R_{\mathrm{n}}^{\mathrm{CC}} | \, Y_{11}^{\mathrm{CE}} + Y_{21}^{\mathrm{CE}} \, |^2} \tag{7.114}$$

$$G_{\mathrm{opt}}^{\mathrm{CC}} = \sqrt{\frac{R_{\mathrm{n}}^{\mathrm{CE}} | \, Y_{\mathrm{opt}}^{\mathrm{CE}} \, |^2 | \, Y_{21}^{\mathrm{CE}} \, |^2}{R_{\mathrm{n}}^{\mathrm{CC}} | \, Y_{21}^{\mathrm{CE}} + Y_{11}^{\mathrm{CE}} \, |^2} - (B_{\mathrm{opt}}^{\mathrm{CC}})^2} \tag{7.115}$$

$$F_{\min}^{\mathrm{CC}} = 1 + 2\mathrm{Re}(G_{\mathrm{opt}}^{\mathrm{CC}} R_{\mathrm{n}}^{\mathrm{CC}} + k_5) \tag{7.116}$$

这里,

$$k_4 = - \mathrm{Re}\left[\left(\frac{1}{Y_{11}^{\mathrm{CE}} + Y_{21}^{\mathrm{CE}}}\right)^* k_3 R_{\mathrm{n}}^{\mathrm{CE}}\right]$$

$$k_5 = \frac{k_3 R_n^{CE}}{\left(\dfrac{Y_{11}^{CE} + Y_{21}^{CE}}{Y_{21}^{CE}}\right)^*} - \frac{|Y_{opt}^{CE}|^2 (Y_{21}^{CE})^* R_n^{CE}}{|Y_{21}^{CE} + Y_{11}^{CE}|^2}$$

在低频情况下($f<6$ GHz),CE、CB 和 CC 结构的 HBT 噪声参数可以简化为

$$R_n^{CB} \approx R_n^{CE}\left(1 + \frac{\omega^2 R_{bi} C_{ex}}{\omega_\alpha}\right)^2 \tag{7.117}$$

$$F_{min}^{CB} \approx F_{min}^{CE} \tag{7.118}$$

$$B_{opt}^{CB} \approx -\frac{\omega^2 R_{bi} C_{ex}/\omega_\alpha}{1 + \omega^2 R_{bi} C_{ex}/\omega_\alpha} B_{opt}^{CE} \tag{7.119}$$

$$G_{opt}^{CB} \approx G_{opt}^{CC} \approx G_{opt}^{CE} \tag{7.120}$$

$$R_n^{CC} \approx R_n^{CE}(1 + R_{be}^2 |Y_{opt}^{CE}|)^2 - 2R_{be}\left(\frac{F_{min}^{CE} - 1}{2} - G_{opt}^{CE} R_n^{CE}\right) \tag{7.121}$$

$$B_{opt}^{CC} \approx B_{opt}^{CE} \tag{7.122}$$

$$F_{min}^{CC} \approx F_{min}^{CE} - 2B_{opt}^{CE} R_n^{CE} \omega(\tau + 1/\omega_\alpha) \tag{7.123}$$

7.4.3 理论验证和实验结果

为了验证上述公式,我们对发射极面积为 5×5 μm^2 的双异质结 InP/InGaAs DHBT 进行了测试,图 7.25 和图 7.26 分别给出了由 CB 和 CC 结构等效电路模型计算得到的 S 参数和由 CE 结构预测得到的 S 参数的比较曲线,两种结果吻

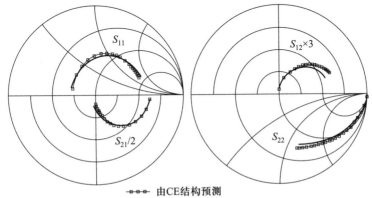

图 7.25　5×5 μm^2 HBT CB 结构等效电路模型 S 参数和 CE 结构预测 S 参数比较曲线(偏置条件 I_b = 50 μA,V_{ce} = 2.0 V)

合得很好,证明了信号参数公式的有效性。

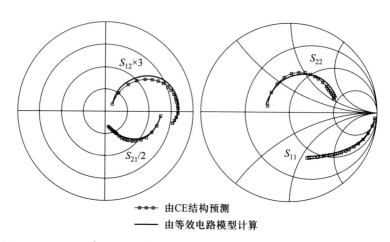

由CE结构预测
由等效电路模型计算

图 7.26　5×5 μm² HBT CC 结构等效电路模型 S 参数和 CE 结构预测 S 参数
比较曲线(偏置条件 I_b = 50 μA, V_{ce} = 2.0 V)

　　图 7.27 和图 7.28 分别给出了由 CB 和 CC 结构等效电路模型计算得到的噪声参数和由 CE 结构预测得到的噪声参数的比较曲线,两种结果吻合得很好。

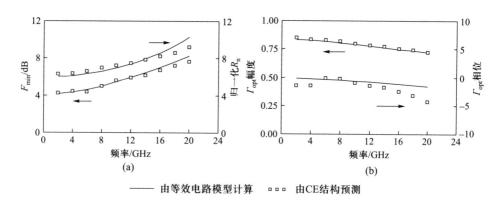

由等效电路模型计算　　　由CE结构预测

图 7.27　5×5 μm² HBT CB 结构等效电路模型噪声参数和 CE 结构预测
噪声参数比较曲线(偏置条件 I_b = 50 μA, V_{ce} = 2.0 V)

　　图 7.29 和图 7.30 分别给出了由 CB 和 CC 结构等效电路模型计算得到的噪声参数和由低频噪声参数公式(7.116)~公式(7.122)预测得到的噪声参数的比较曲线,两种结果吻合得很好,证明了噪声参数公式的正确性。

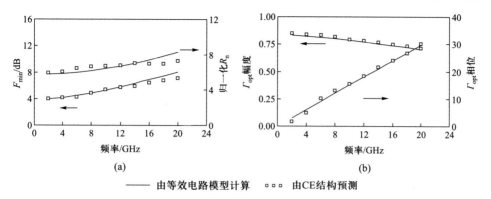

(a)   (b)

—— 由等效电路模型计算   □ □ □   由CE结构预测

图 7.28 5×5 μm² HBT CC 结构等效电路模型噪声参数和 CE 结构预测
噪声参数比较曲线（偏置条件 I_b = 50 μA，V_{ce} = 2.0 V）

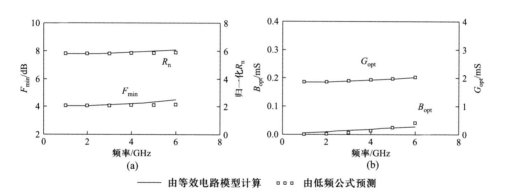

(a)   (b)

—— 由等效电路模型计算   □ □ □   由低频公式预测

图 7.29 5×5 μm² HBT CB 结构等效电路模型噪声参数和低频公式预测噪声参数
比较曲线（偏置条件 I_b = 50 μA，V_{ce} = 2.0 V）

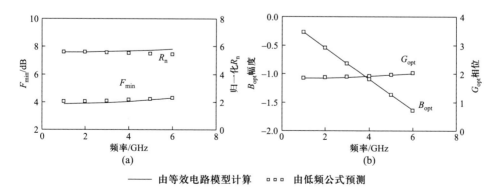

(a)   (b)

—— 由等效电路模型计算   □ □ □   由低频公式预测

图 7.30 5×5 μm² HBT CC 结构等效电路模型噪声参数和低频公式预测噪声参数
比较曲线（偏置条件 I_b = 50 μA，V_{ce} = 2.0 V）

7.5   按比例缩放噪声模型

使用可缩放的归一化模型参数可以轻松获得在相同工艺条件下不同尺寸设备的小信号模型参数,基于单元 HBT 器件的物理缩放规则,可以评估多单元器件的功率性能。本节介绍一种按比例缩放的 InP HBT 噪声和小信号模型,给出小信号模型和噪声参数的可缩放规则,所提出的模型可用于预测具有不同几何形状的 HBT 器件的 S 参数和噪声性能[17]。

7.5.1   小信号模型参数的缩放规则

图 7.31 给出了寄生电阻 R_{bx}、R_c 和 R_e 以及本征电阻 R_{bi} 随器件发射极面积 A_E 的变化曲线,可以看到 R_{bx}、R_c 和 R_e 均和发射极面积 A_E 成反比,即

$$R_{bx} = \frac{R_{bx}^u}{A_E} \tag{7.124}$$

$$R_c = \frac{R_c^u}{A_E} \tag{7.125}$$

$$R_e = \frac{R_e^u}{A_E} \tag{7.126}$$

这里,$R_{bx}^u = 160\ \Omega \cdot \mu m^2$,$R_c^u = 640\ \Omega \cdot \mu m^2$,$R_e^u = 128\ \Omega \cdot \mu m^2$。

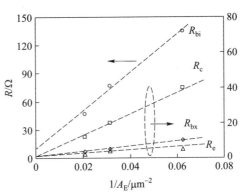

图 7.31   寄生电阻 R_{bx}、R_c 和 R_e 以及本征电阻 R_{bi} 随器件发射极面积 A_E 的变化曲线

本征 R_{bi} 为发射极面积倒数 $1/A_E$ 的线性函数,可以表示为

$$R_{bi} = R_{bio} + \frac{R_{bi}^{u}}{A_E} \qquad (7.127)$$

这里，$R_{bio} = 12\Omega$，$R_{bi}^{u} = 2000 \ \Omega \cdot \mu m^2$。

图 7.32 给出了本征电容 C_π、C_{ex} 和 C_{bc} 随器件发射极面积 A_E 的变化曲线，可以看到本征电容 C_π 和 C_{bc} 均和发射极面积 A_E 成正比，即

$$C_\pi = C_\pi^u A_E \qquad (7.128)$$

$$C_\mu = C_\mu^u A_E \qquad (7.129)$$

这里，$C_\pi^u = 3.75 \ fF/\mu m^2$，$C_{ex}^u = 0.15 \ fF/\mu m^2$。

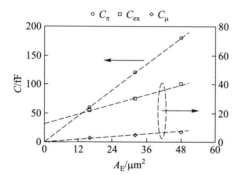

图 7.32　本征电容 C_π、C_{ex} 和 C_{bc} 随器件发射极面积 A_E 的变化曲线

C_{ex} 为发射极面积 A_E 的线性函数，可以表示为

$$C_{ex} = C_{exo} + C_{ex}^u A_E \qquad (7.130)$$

这里，$C_{exo} = 13 \ fF$，$C_{ex}^u = 0.56 \ fF/\mu m^2$。

图 7.33 给出了 g_{mo} 和 R_π 随器件发射极面积 A_E 的变化曲线，可以看出它们和发射极面积无关。

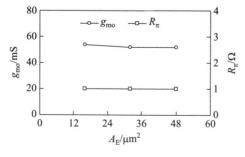

图 7.33　g_{mo} 和 R_π 随器件发射极面积 A_E 的变化曲线

基于图 7.31、图 7.32 以及图 7.33，可以获得电路模型参数和发射极面积 A_E

的矩阵关系表达式：

$$
\begin{bmatrix} C_{\pi} \\ C_{\mu} \\ C_{\mathrm{ex}} \\ R_{\mathrm{bi}} \\ R_{\mathrm{bx}} \\ R_{\mathrm{c}} \\ R_{\mathrm{e}} \end{bmatrix} = \begin{bmatrix} A_{\mathrm{E}} & 0 & 0 & 0 & 0 & 0 & 0 \\ 0 & A_{\mathrm{E}} & 0 & 0 & 0 & 0 & 0 \\ 0 & 0 & A_{\mathrm{E}} & 0 & 0 & 0 & 0 \\ 0 & 0 & 0 & A_{\mathrm{E}}^{-1} & 0 & 0 & 0 \\ 0 & 0 & 0 & 0 & A_{\mathrm{E}}^{-1} & 0 & 0 \\ 0 & 0 & 0 & 0 & 0 & A_{\mathrm{E}}^{-1} & 0 \\ 0 & 0 & 0 & 0 & 0 & 0 & A_{\mathrm{E}}^{-1} \end{bmatrix} \begin{bmatrix} C_{\pi}^{u} \\ C_{\mu}^{u} \\ C_{\mathrm{ex}}^{u} \\ R_{\mathrm{bi}}^{u} \\ R_{\mathrm{bx}}^{u} \\ R_{\mathrm{c}}^{u} \\ R_{\mathrm{e}}^{u} \end{bmatrix} + \begin{bmatrix} 0 \\ 0 \\ C_{\mathrm{exo}} \\ R_{\mathrm{bio}} \\ 0 \\ 0 \\ 0 \end{bmatrix} \qquad (7.131)
$$

7.5.2   噪声模型参数的缩放规则

表 7.8 给出了 3 个 HBT 器件噪声模型的参数，3 个 HBT 器件的尺寸分别为 $1.6 \times 10 \ \mu\mathrm{m}^2$、$1.6 \times 20 \ \mu\mathrm{m}^2$ 和 $1.6 \times 30 \ \mu\mathrm{m}^2$，可以看到噪声模型参数基本上是一致的，即噪声模型参数和 HBT 的尺寸大小无关。

表 7.8   器件噪声模型参数

参数	$1.6 \times 10 \ \mu\mathrm{m}^2$	$1.6 \times 20 \ \mu\mathrm{m}^2$	$1.6 \times 30 \ \mu\mathrm{m}^2$
$I_{\mathrm{b}} / \mu\mathrm{A}$	40	40	40
$I_{\mathrm{c}} / \mathrm{mA}$	2.06	2.00	2.04
τ / ps	0.5	0.5	0.5

在较低的频率范围（通常小于 5 GHz）内，可以忽略外部寄生电感的影响，同时假设噪声源之间的相关性近似为零，4 个噪声参数的表达式可以简化为

$$
R_{\mathrm{n}} = a A_{\mathrm{E}}^{-2} + b A_{\mathrm{E}}^{-1} + c \qquad (7.132)
$$

$$
B_{\mathrm{opt}} = d + e A_{\mathrm{E}} \qquad (7.133)
$$

$$
G_{\mathrm{opt}} = \sqrt{\frac{f}{a A_{\mathrm{E}}^{-2} + b A_{\mathrm{E}}^{-1} + c}} \qquad (7.134)
$$

$$
F_{\mathrm{min}} = g + m A_{\mathrm{E}}^{-1} + n \sqrt{a A_{\mathrm{E}}^{-2} + b A_{\mathrm{E}}^{-1} + c} \qquad (7.135)
$$

这里，

$$
a = (R_{\mathrm{bi}}^{u})^2
$$

$$
b = 2 R_{\mathrm{bi}}^{u} \left(\frac{1}{g_{\mathrm{m}}} + R_{\mathrm{bi}}^{u} \right) + R_{\mathrm{bi}}^{u} + R_{\mathrm{bx}}^{u} + R_{\mathrm{e}}^{u}
$$

$$c = \frac{I_C}{2V_T g_m^2} + \left(\frac{1}{g_m} + R_{bi}^u\right)^2 + R_{bio}$$

$$d = -\omega(C_{pg} + C_{exo})$$

$$e = -\omega\left[C_{ex}^u + C_{bc}^u + \frac{C_\pi^u}{(1 + g_m R_{bi})^2}\right]$$

$$f = \frac{I_B}{2V_T}$$

$$g = 1 + 2fR_{bio}$$

$$m = 2fR_{bi}^u$$

$$n = 2\sqrt{\frac{I_B}{2V_T}}$$

由式(7.132)~式(7.135)可以看到,噪声电阻 R_n 可以表示为器件发射极面积倒数 $1/A_E$ 的二次函数;最佳源电导 G_{opt} 和噪声电阻 R_n 开平方成反比,并随发射极面积增加而增加;最佳源导纳 B_{opt} 主要由基极 -集电极电容和基极 -发射极电容决定,当 $g_m R_{bi} \gg 1$ 时, C_π 对 B_{opt} 的影响可以忽略, B_{opt} 可以看作发射极面积 A_E 的线性函数;最佳噪声系数 F_{min} 为噪声电阻 R_n 的线性函数,随着发射极面积增加而下降。

7.5.3 实验结果和验证

为了验证按比例缩放噪声模型,本小节采用 3 种 InP/InGaAs DHBT 器件进行实验验证,3 种器件的尺寸分别为 $1.6 \times 10~\mu m^2$、$1.6 \times 20~\mu m^2$ 和 $1.6 \times 30~\mu m^2$。图 7.34 给出了 $1.6 \times 10~\mu m^2$ HBT 器件 S 参数模拟数据和测试数据对比曲线(频率范围:2 GHz~20 GHz,偏置: $I_b = 40~\mu A$, $V_{ce} = 1.5$ V)。图 7.35 给出了基于按比例缩放模型的 HBT 器件(尺寸分别为 $1.6 \times 20~\mu m^2$ 和 $1.6 \times 30~\mu m^2$) S 参数模拟数据和测试数据对比曲线,结果吻合得很好。图 7.36 给出了 3 种 HBT 器件短路电流增益对比曲线。

图 7.37 给出了 $1.6 \times 10~\mu m^2$ HBT 噪声参数对比曲线(偏置: $I_b = 40~\mu A$, $V_{ce} = 1.5$ V)。图 7.38 给出了在两个高频频率点(8 GHz 和 16 GHz),噪声参数随发射极面积的变化曲线。图 7.39 给出了低频情况下噪声参数随发射极面积的变化曲线,可以看到,最佳噪声系数 F_{min} 随发射极面积缓慢下降,而噪声电阻 R_n 则快速下降。

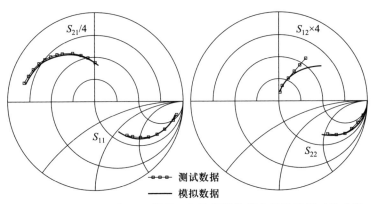

图 7.34   1.6×10 μm² HBT 器件 S 参数模拟数据和测试数据对比曲线
（偏置：$I_b = 40$ μA，$V_{ce} = 1.5$ V）

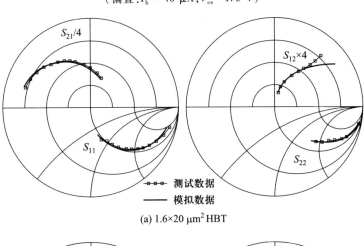

(a) 1.6×20 μm² HBT

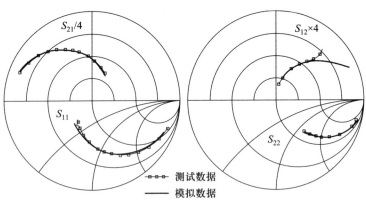

(b) 1.6×30 μm² HBT

图 7.35   基于按比例缩放模型的 HBT 器件 S 参数模拟和测试对比曲线
（偏置：$I_b = 40$ μA，$V_{ce} = 1.5$ V）

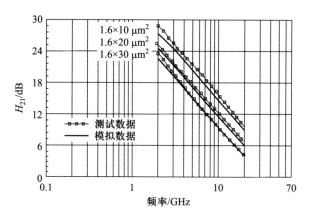

图 7.36 HBT 器件短路电流增益对比曲线

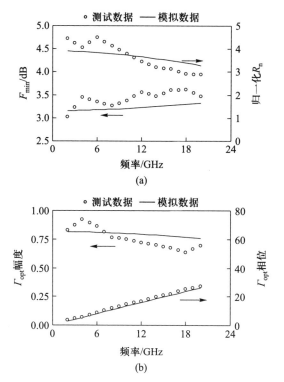

图 7.37 1.6×10 μm² HBT 噪声参数对比曲线

（偏置：$I_b = 40$ μA，$V_{ce} = 1.5$ V）

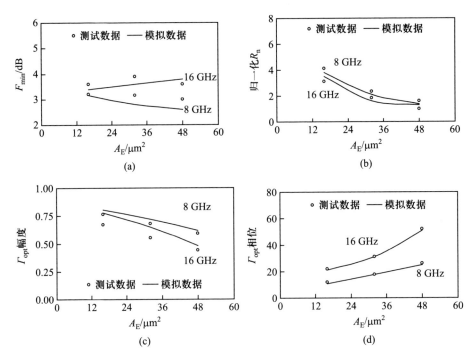

图 7.38　高频情况下噪声参数随发射极面积变化曲线

（偏置：$I_b = 40 \ \mu A$，$V_{ce} = 1.5 \ V$）

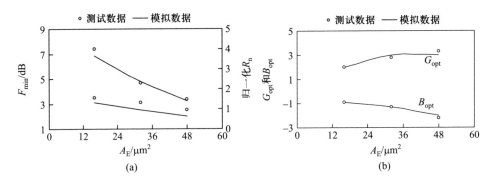

图 7.39　低频情况下噪声参数随发射极面积变化曲线

（偏置：$I_b = 40 \ \mu A$，$V_{ce} = 1.5 \ V$）

7.6 含有独立噪声源的噪声电路模型

目前所有的 HBT 噪声模型均含有两个相关的噪声源,而大多数常用的集成电路仿真软件(例如 SPICE)不支持含有复相关系数的噪声源。换句话说,两个相关的散粒噪声源很难在电路仿真工具中实现,简化的不相关噪声模型则适用于商业软件。本节将讨论一个含有独立噪声源的噪声电路模型,可以在商业软件中使用[18,19]。

7.6.1 基极和集电极噪声源的影响

图 7.40 给出了一个 HBT 器件噪声电路模型的示意图,该模型可以看作是两个网络的级联:

$$F = F_{\text{I}}(\overline{i_{\text{b}}^2}) + \frac{F_{\text{II}}(\overline{i_{\text{c}}^2}) - 1}{G_{\text{I}}} \qquad (7.136)$$

式中,F_{I} 和 G_{I} 分别表示网络 I 的噪声系数和可资用功率增益,F_{II} 表示网络 II 的噪声系数,一般情况下 G_{I} 很大,基极噪声源的贡献要远大于集电极噪声源。

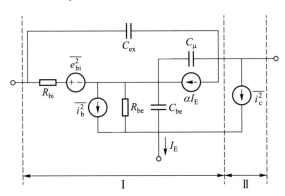

图 7.40 HBT 器件噪声电路模型示意图

图 7.41 给出了两个散弹噪声源对 4 个噪声参数的影响,可以发现基极噪声源占主导地位,尤其是在低频情况下;而集电极噪声源在高频情况下需要考虑。图 7.42 给出了 HBT 高频和低频噪声模型框图。

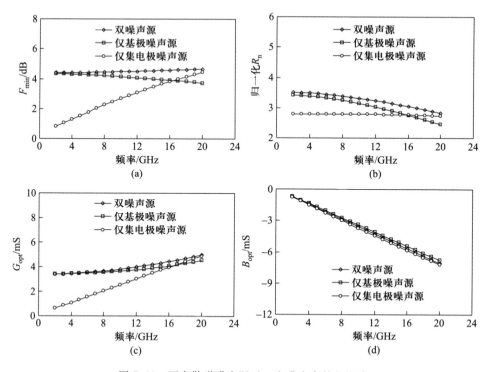

图 7.41　两个散弹噪声源对 4 个噪声参数的影响

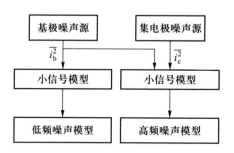

图 7.42　HBT 高频和低频噪声模型框图

7.6.2　经验噪声电路模型

图 7.43 给出了一个 HBT 经验噪声等效电路模型(噪声源不再相关),即含有独立噪声源的噪声电路模型。表 7.9 给出了传统噪声模型和经验噪声模型的比较。为了简化复杂的噪声等效电路模型,这里采用一个 M 因子代替时间延迟因子。

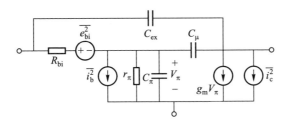

图 7.43 HBT 经验噪声等效电路模型(噪声源不再相关)

表 7.9 传统噪声模型和经验噪声模型的比较

参数	传统噪声模型	经验噪声模型
$\overline{i_b^2}$	$2qI_b\Delta f$	$2qI_b\Delta f$
$\overline{i_c^2}$	$2qI_c\Delta f$	$2qMI_c\Delta f$
$\overline{i_b^* i_c}$	$2qI_c(e^{-j\omega\tau}-1)\Delta f$	0

由于集电极噪声源对噪声参数不敏感,因此难以通过直接提取的方法来确定模型参数 M。半分析方法是一个不错的选择,它将直接提取方法和优化过程结合起来,可以精确地确定参数 M。具体计算过程如下:

(1) 设置参数 M 的初始数值,范围在 0 和 1 之间,计算本征网络的导纳噪声相关矩阵:

$$C_Y^i = \frac{1}{2V_T}\begin{bmatrix} I_b & 0 \\ 0 & MI_c \end{bmatrix} \tag{7.137}$$

(2) 计算本征电阻 R_{bi} 和电容 C_{ex} 的贡献。

(3) 计算误差函数:

$$\varepsilon = \frac{1}{N-1}\sum_{i=0}^{N-1}\left\{|\overline{F}_{min}(f_i)-F_{min}^s(f_i)|^2+|\overline{R}_n(f_i)-R_n^s(f_i)|^2+|\overline{\Gamma}_{opt}(f_i)-\Gamma_{opt}^s(f_i)|^2\right\} \tag{7.138}$$

(4) 重复优化直到获得满意的精度。

为了验证含有独立噪声源的 HBT 噪声等效电路模型,下面使用一个 GaAs HBT 器件和一个 InP HBT 器件来进行讨论。表 7.10 和表 7.11 分别给出了 $5\times 5~\mu m^2$ InP HBT 器件本征参数($I_b = 100~\mu A$,$V_{ce} = 2.0~V$)和噪声参数,图 7.44 给出了 $5\times 5~\mu m^2$ InP HBT 器件噪声参数比较曲线,可以看出测试结果和模型模拟结果在 2 GHz~20 GHz 范围内吻合得很好。

表 7.10　5×5 μm² InP HBT 器件本征参数（$I_b = 100$ μA，$V_{ce} = 2.0$ V）

参数	数值	参数	数值
R_{bi}/Ω	136	τ_T/pS	0.4
C_{ex}/fF	36	g_{mo}/mS	179
C_{bc}/fF	9	τ_π/pS	0.4
C_{be}/fF	0.17	R_π/Ω	310
R_{be}/Ω	5.4	C_π/pF	0.31
α_o	0.982	f_α/GHz	125

表 7.11　5×5 μm² InP HBT 器件噪声参数

参数	$I_b/\mu A$	I_c/mA	M
数值	32	15	1/3

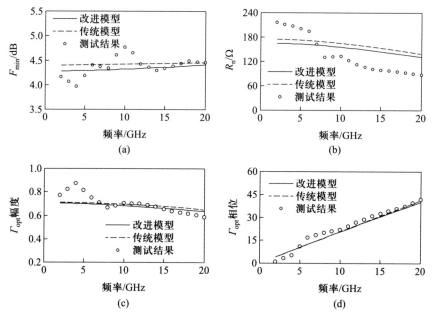

图 7.44　5×5 μm² InP HBT 器件噪声参数比较曲线
（偏置：$I_b = 100$ μA，$V_{ce} = 2.0$ V）

表 7.12 给出了 2×20 μm² GaAs HBT 噪声参数（$I_b = 100$ μA，$V_{ce} = 2.0$ V），

图 7.45 给出了器件噪声参数比较曲线,可以看出测试结果和模型模拟结果在 2 GHz~20 GHz 范围内吻合得很好。

表 7.12　2×20 μm² GaAs HBT 器件噪声参数

参数	$I_b/\mu A$	I_c/mA	M
数值	320	15	1/7

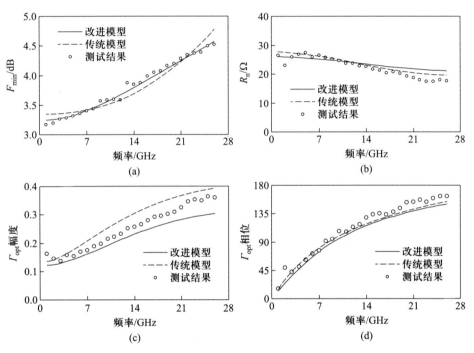

图 7.45　2×20 μm² GaAs HBT 器件噪声参数比较曲线

(偏置 : I_b = 320 μA, V_{ce} = 4 V)

7.7　本章小结

本章介绍了异质结晶体管器件的噪声等效电路模型,推导了基于噪声模型的噪声参数表达式,给出了噪声模型参数的提取技术以及共基极、共集电极和共发射极结构的信号和噪声特性之间的关系;介绍了一种基于器件物理尺寸的 HBT 器件噪声和小信号模型,详细给出了噪声模型和小信号模型参数的缩放规则并进行了验证;提出了一种含有独立噪声源的噪声等效电路模型,该模型采用因子 M 代替传统模型中复相关系数时间延迟 τ,模拟结果均与测试结果相吻合,并且可以很好地运用于商用电路模拟软件中。

参考文献

[1] Gao J. RF and Microwave Modeling and Measurement Techniques for Field Effect Transistors [M]. London:IET Digital Library,2010.

[2] 高建军. 场效应晶体管射频微波建模技术[M]. 北京:电子工业出版社,2007.

[3] Gao J. Optoelectronic Integrated Circuit Design and Device Modeling[M]. Singapore:John Wiley and Sons Singapore Pte Ltd,2010.

[4] Rudolph M,Doerner R. An HBT noise model valid up to transit frequency[J]. IEEE Electron Device Letters,1999,20(1):24-26.

[5] Gao J,Li X,Hong W,et al. Microwave noise modeling for InP-InGaAs HBTs[J]. IEEE Transactions on Microwave Theory and Techniques,2004,52(4):1264-1272.

[6] Hillbrand H,Russer P. An efficient method for computer aided noise analysis of linear amplifier networks[J]. IEEE Transactions on Circuits and Systems,1976,23(4):235-238.

[7] Wang H,Ng G I,Zheng H,et al. Demonstration of aluminum-free metamorphic InP/In/sub 0.53/Ga/sub 0.47/As/InP double heterojunction bipolar transistors on GaAs substrates[J]. IEEE Electron Device Letters,2000,21(9):427-429.

[8] Lane R Q. The determination of device noise parameters[J]. Proceeding of IEEE,1969,57 (8):1461-1462.

[9] Escotte L,Plana R,Graffeuil J. Evaluation of noise parameter extraction methods[J]. IEEE Transactions on Microwave Theory and Techniques,1993,41(3):382-387.

[10] Caruso G,Sannino M. Determination of microwave two-port noise parameters through computer-aided frequency-conversion techniques[J]. IEEE Transactions on Microwave Theory and Techniques,1979,27(9):779-783.

[11] Davidson A C,Leake B W,Strid E. Accuracy improvements in microwave noise parameter measurements[J]. IEEE Transactions on Microwave Theory and Techniques,1989,37 (12):1973-1978.

[12] O'Callaghan J M,Mondal J P. A vector approach for noise parameter fitting and selection of source admittances[J]. IEEE Transactions on Microwave Theory and Techniques,1991,39 (8):1376-1382.

[13] Gao J,Li X,Jia L,et al. Direct extraction of InP HBT noise parameters based on noise-figure

measurement system[J]. IEEE Transactions on Microwave Theory and Techniques,2005,53 (1):330-335.

[14]　Gao J,Law C L,Wang H,et al. A new method for pHEMT noise-parameter determination based on 50-Ω noise measurement system[J]. IEEE Transactions on Microwave Theory and Techniques,2003,51(10):2079-2089.

[15]　Cappy A. Noise modeling and measurement techniques (HEMTs)[J]. IEEE Transactions on Microwave Theory and Techniques,1988,36(1):1-10.

[16]　Boeck G,Gao J,Li X. Relationships between common emitter, common base and common collector HBTs-proposed set of analytical expressions for the relationship between common emitter, common base and common collector heterojunction bipolar transistors [J]. Microwave Journal,2009,52(2):66-78.

[17]　Zhang A,Gao J. Emitter-length scalable small signal and noise modeling for inp heterojunction bipolar transistors[J]. IEEE Access,2019,7:13939-13944.

[18]　Zhang A,Gao J,Wang H. An empirical noise model for Ⅲ-Ⅴ compound semiconductor based HBT[J]. Solid-State Electronics,2019,163:107679.

[19]　Hong Y,Hong W,Radhakrishnan K. Temperature dependent study on the microwave noise performance of metamorphic InP/InGaAs heterojunction bipolar transistors[J]. Thin Solid Films,2007,515(10):4514-4516.